REDLINE | VERLAG

CAL NEWPORT

SLOW PRODUCTIVITY

EFFIZIENZ OHNE ÜBERLASTUNG

Die vergessene Kunst, ohne Burn-out zu arbeiten

Bibliografische Information der Deutschen Nationalbibliothek
Die Deutsche Nationalbibliothek verzeichnet diese Publikation in der Deutschen Nationalbibliografie. Detaillierte bibliografische Daten sind im Internet über https://dnb.de abrufbar.

Für Fragen und Anregungen
info@m-vg.de

Wichtiger Hinweis:
Ausschließlich zum Zweck der besseren Lesbarkeit wurde auf eine genderspezifische Schreibweise sowie eine Mehrfachbezeichnung verzichtet. Alle personenbezogenen Bezeichnungen sind somit geschlechtsneutral zu verstehen.

2. Auflage 2024

Türkenstraße 89
80799 München
Tel.: 089 651285-0

Übersetzung: Jordan Wegberg
Redaktion: Matthias Höhne
Umschlaggestaltung: Marc-Torben Fischer
Umschlagabbildung: Adobe Stock/Syed Qaseem Raza
Satz: inpunkt[w]o, Wilnsdorf (www.inpunktwo.de)
Druck: GGP Media GmbH, Pößneck
Printed in Germany

ISBN Print 978-3-86881-953-3
ISBN E-Book (PDF) 978-3-96267-556-1
ISBN E-Book (EPUB, Mobi) 978-3-96267-557-8

Für meine Familie, weil sie mich jeden Tag an die Freuden der Langsamkeit erinnert.

INHALT

SLOW PRODUCTIVITY

EINLEITUNG

Im Sommer 1966, gegen Ende seines zweiten Jahres als Redaktionsmitglied des *New Yorker*, lag John McPhee in seinem Garten bei Princeton, New Jersey, rücklings auf einem Picknicktisch unter einer Esche. »Dort lag ich fast zwei Wochen lang, starrte hinauf in die Äste und Blätter und kämpfte gegen das Gefühl von Angst und Panik an«, erinnert er sich 2017 in seinem Buch *Draft No. 4*.[1] McPhee hatte bereits fünf lange Beiträge im *New Yorker* veröffentlicht und war zuvor sieben Jahre Mitherausgeber der *Time* gewesen.[2] Mit anderen Worten, er war kein Neuling im Geschäft des Journalismus, aber der Artikel, der ihn in jenem Sommer auf seinem Gartentisch lähmte, war der komplizierteste, den er je zu schreiben versucht hatte.

Zuvor hatte McPhee Porträts verfasst, so etwa seine erste große Arbeit für den *New Yorker*, »A Sense of Where You Are«, die sich mit Bill Bradley befasste, dem Basketballstar der Universität Princeton.[3] Er hatte auch Beiträge zu historischen Themen geschrieben: Im Frühjahr 1966 war sein zweiteiliger Artikel über Orangen veröffentlicht worden, in dem er die Spuren der bescheidenen Frucht bis zu ihrer ersten Erwähnung 500 vor Christus in China zurückverfolgte.[4] Doch McPhees aktuelles Projekt, in dem es um die unfassbar umfangreiche Thematik der Pine Barrens im südlichen New Jersey ging, sollte noch viel mehr leisten. Anstelle eines fokussierten Porträts musste er die Geschichten zahlreicher Figuren miteinander verknüpfen und dabei auch Dialoge und Besuche an speziellen Örtlichkeiten ausführlich wiedergeben. Statt die Historie eines einzelnen Objekts zusammenzufassen, musste er sich mit der geologischen, ökologischen und sogar politischen Hintergrundgeschichte einer gesamten Region beschäftigen.

McPhees Picknicktischparalyse waren achtmonatige Recherchen zu diesem Thema vorausgegangen, in denen er »genug Material, um ein Silo damit zu füllen«, zusammentrug, wie er es später beschrieb.[5] Er war öfter von seinem Zuhause in Princeton in die Pine Barrens hinuntergereist, als er überhaupt zählen konnte, und nahm häufig einen Schlafsack mit, um seinen Aufenthalt zu verlängern. Er hatte alle wichtigen Bücher gelesen und mit allen wichtigen Personen gesprochen. Jetzt, da er mit dem Schreiben beginnen musste, fühlte er sich überfordert. »Es kommt mir ganz logisch vor, dass es einem zunächst an Selbstvertrauen fehlt«, erklärte er. »Es spielt keine Rolle, dass etwas, das man schon mal gemacht hat, gut gelaufen ist. Deine letzte Arbeit schreibt nicht deine nächste für dich.«[6] Und so lag McPhee auf seinem Gartentisch, starrte hinauf in das Astwerk der Esche und grübelte, wie er diese enorme Menge an Quellen und Geschichten ineinanderfügen sollte. Er blieb zwei Wochen auf dem Tisch liegen, ehe endlich eine Lösung für sein Dilemma erschien: Fred Brown.

Schon zu Beginn seiner Recherchen hatte McPhee Brown kennengelernt, einen Neunundsiebzigjährigen, der tief in den Pine Barrens in einer »bescheidenen Hütte« lebte.[7] Die beiden waren tagelang gemeinsam durch den Wald gewandert. Die Erkenntnis, die McPhee von seinem Picknicktisch hochschnellen ließ, war, dass Brown in gewisser Weise eine Verbindung zu den meisten der Themenbereiche hatte, die er in seinem Artikel behandeln wollte. Er konnte Brown zu Beginn des Beitrags einführen und die Themen, die er ausloten wollte, dann entlang des roten Fadens seiner Abenteuer mit Brown als Exkurse strukturieren.

Selbst nach diesem Augenblick der Erkenntnis brauchte McPhee noch über ein Jahr, um seinen Artikel zu Ende zu schreiben. Er arbeitete daran in einem bescheidenen Büro, das er abseits der Nassau Street in Princeton gemietet hatte, oberhalb eines Optikergeschäfts und gegenüber einem schwedischen Massagesalon. Die fertige Arbeit sollte mehr als 30.000 Wörter umfassen und wurde in zwei Teilen in aufeinanderfolgenden Ausgaben der

Zeitschrift veröffentlicht. Sie ist ein Wunderwerk der Langreportage und einer der beliebtesten Einträge in McPhees umfangreicher Bibliografie. Doch sie wäre nie zustande gekommen ohne McPhees Bereitschaft, alles andere zurückzustellen und einfach auf dem Rücken zu liegen, in den Himmel hinaufzustarren und angestrengt darüber nachzudenken, wie er etwas so Wunderbares erschaffen sollte.

Ich stieß auf diese Geschichte von John McPhees gemächlicher Vorgehensweise zu Beginn der Coronapandemie, die eine komplizierte Zeit für Wissensarbeiter war, um es zurückhaltend zu formulieren. Im Laufe dieses angsterfüllten Frühlings, unter dem Druck der pandemiebedingten Umwälzungen kochte bei jenen, die ihren Lebensunterhalt in Büros und an Bildschirmen verdienen, ein Unbehagen über die Anforderungen der *Produktivität* hoch, das schon lange gebrodelt hatte. Da ich mich in meinen Arbeiten über Technologie und Ablenkung häufig mit Fragen der Produktivität befasste, erlebte ich die Zuspitzung durch diesen Rückschlag ganz direkt. »Die Begrifflichkeit der Produktivität ist ein Hemmschuh für mich«, erklärte mir einer meiner Leser in einer E-Mail. »Die Freude am Denken und an guten Leistungen ist ein so tief verwurzeltes menschliches Vergnügen … und es fühlt sich (für mich) wie ein Dämpfer an, wenn sie mit Produktivität verknüpft wird.« In einem Kommentar unter meinem Blog fügte jemand hinzu: »Die Produktivitätsterminologie bezieht sich nicht nur auf das Erledigen von Dingen, sondern auf das Erledigen um jeden Preis.« Die besondere Rolle der Pandemie als Antriebskraft dieser Empfindungen wurde in diesen Rückmeldungen oft deutlich. Ein einsichtsvoller Leser führte aus: »Die Tatsache, dass die Formel ›Produktivität = produzierte Artikel‹ lautet, wird, wenn überhaupt, während dieser Pandemie noch viel deutlicher – denn von Eltern, die das Glück haben, noch über einen Arbeitsplatz zu verfügen, werden dieselben Arbeitsergebnisse erwartet, zuzüglich zum Betreuen und Unterrichten der Kinder.« Diese Energie überraschte mich. Ich mag meine Leserschaft, aber im Allgemeinen würde ich sie nicht als *hitzig* beschreiben. Bis jetzt. Es gab eine deutliche Veränderung.

Wie ich bald herausfand, beschränkte sich diese Anti-Produktivitäts-Einstellung nicht auf meine Leserinnen und Leser. Zwischen dem Frühjahr 2020 und dem Sommer 2021, in einem Zeitraum von weniger als anderthalb Jahren, wurden mindestens vier wichtige Bücher veröffentlicht, die unmittelbar auf die verbreitete Auffassung von Produktivität Bezug nahmen. Dazu gehörten *Do Nothing* von Celeste Headlee, *Can't Even* von Anne Helen Petersen, *Laziness Does Not Exist* von Devon Price und das wunderbar boshafte *4000 Wochen* von Oliver Burkeman. Diese Erschöpfung durch Arbeit spiegelte sich auch in zahlreichen, ausführlich besprochenen gesellschaftlichen Trendwellen wider, die sich während der Pandemie in rascher Folge aneinanderreihten. Zunächst war da die sogenannte Kündigungswelle. Zwar umfasste dieses Phänomen den Ausstieg aus dem Berufsleben in vielen verschiedenen Wirtschaftsbereichen, aber unter den vielen Subnarrativen gab es auch einen klaren Trend unter Wissensarbeitern, die Ansprüche an ihre berufliche Laufbahn zu senken. Die Kündigungswelle wurde gefolgt von einer Zunahme der inneren Kündigungen (häufig auch Quiet Quitting genannt), bei denen eine jüngere Kohorte von Berufstätigen sich aggressiv gegen die Produktivitätsforderungen ihrer Arbeitgeber auflehnte.

»Wir sind überarbeitet und ausgelaugt, ständig unzufrieden und auf der Jagd nach einer Messlatte, die pausenlos höher steigt«, schreibt Celeste Headlee in ihrer Einleitung zu *Do Nothing*.[8] Ein paar Jahre früher hätte diese Auffassung vielleicht provokativ gewirkt. Doch während die Pandemie ihrem Höhepunkt zustrebte, stieß sie auf immer mehr Zustimmung.

Während ich diesen rasch wachsenden Unmut beobachtete, wurde mir bewusst, dass etwas Bedeutsames passierte. Die Wissensarbeiter waren erschöpft – ausgebrannt von einer zunehmend gnadenlosen Hektik. Dieser Trend wurde von der Pandemie nicht ausgelöst, sondern auf die Spitze getrieben, über die Grenze des Erträglichen hinaus. Nicht wenige Wissensarbeiter, die plötzlich zum Homeoffice verdonnert waren und deren Kinder im Nebenzimmer brüllten, während sie sich durch eine weitere Zoom-Konferenz quälten, fragten sich allmählich: »Was machen wir hier eigentlich?«

Ich begann, mich intensiv mit dem Groll der Wissensarbeiterinnen und -arbeiter sowie mit alternativen Konzepten beruflicher Sinnhaftigkeit zu befassen, sowohl in meinem seit Langem bestehenden Newsletter als auch in einem neuen Podcast, den ich zu Beginn der Pandemie ins Leben rief. Als die Anti-Produktivitäts-Bewegung an Geschwindigkeit zulegte, nahm ich das Thema auch häufiger in meine Beiträge für den *New Yorker* auf, für den ich ebenfalls schreibe – was schließlich dazu führte, dass ich im Herbst 2021 mit einer vierzehntäglichen Kolumne namens »Office Space« begann, die sich dieser Problematik widmete.

Die Geschichten, die ich aufdeckte, waren kompliziert. Die Leute waren überfordert, doch die Quellen dieser wachsenden Erschöpfung waren nicht offensichtlich. In den online geführten Diskussionen über die Thematik mangelte es nicht an den verschiedensten, einander gelegentlich widersprechenden Theorien: Die Arbeitgeber steigern gnadenlos die Ansprüche an ihre Beschäftigten, im Bemühen, mehr Gewinn aus deren Tätigkeit zu ziehen. Nein, eigentlich ist es eine verinnerlichte Kultur des Hochhaltens von Geschäftigkeit – vorangetrieben von Produktivitäts-Influencern –, die zu unserer Erschöpfung führt. Oder vielleicht erleben wir in Wirklichkeit den unvermeidlichen Zusammenbruch des »Kapitalismus der letzten Phase«. Es gab Schuldzuweisungen und Ausbrüche von Frustration, und die ganze Zeit wurde die Unzufriedenheit der Wissensarbeiter größer und größer. Die Lage schien düster, doch als ich mit meinen eigenen Recherchen zu diesem Thema fortfuhr, zeigte sich ein Funken Optimismus, ausgelöst durch ebenjene Geschichte, mit der wir diese Diskussion eröffnet haben.

Als ich die Geschichte zum ersten Mal hörte, wie John McPhee in seinem Garten tagelang in die Blätter hinaufgeschaut hatte, kam sie mir nostalgisch vor – eine Szene aus längst vergangenen Zeiten, als Menschen, die ihren Lebensunterhalt mit dem Verstand verdienten, noch genügend Zeit und Raum bekamen, um Beeindruckendes zu schaffen. »Wäre es nicht wunderbar, eine solche Arbeit zu haben, bei der man sich keine Gedanken um *Produktivität* machen muss?«, dachte ich. Doch allmählich formte sich eine nachdrückliche Erkenntnis. McPhee *war* produktiv. Wenn wir einmal davon absehen, was er an diesen Sommertagen 1966 auf seinem Gartentisch tat, und uns stattdessen seine gesamte Karriere anschauen, so begegnen wir einem Autor, der bis heute neunundzwanzig Bücher veröffentlicht hat, von denen eines den Pulitzerpreis erhielt und zwei für nationale Buchpreise nominiert waren. Er verfasste außerdem über fünfzig Jahre lang unverwechselbare Artikel für den *New Yorker*, und mit seinem legendären Seminar für kreatives nicht-fiktionales Schreiben, das er lange an der Princeton University gab, unterstützte er viele junge Schreibende, die später ihre eigenen charakteristischen Karrieren beschritten – darunter Richard Preston, Eric Schlosser, Jennifer Weiner und David Remnick. Es gibt keine sinnvolle Definition von Produktivität, die nicht auch auf John McPhee zuträfe, und doch ist nichts an seinen Arbeitsgewohnheiten hektisch, unruhig oder überfordernd.

Diese anfängliche Erkenntnis entwickelte sich zu der Grundidee, um die es in diesem Buch gehen soll: Vielleicht haben Wissensarbeitende gar kein Problem mit der Produktivität an sich, sondern vielmehr mit einer bestimmten falschen Definition dieses Begriffs, die sich in den letzten Jahrzehnten verbreitet hat. Die gnadenlose Überlastung, die uns so auslaugt, wird von der Überzeugung ausgelöst, dass »gute« Arbeit zunehmende Geschäftigkeit erfordert – schnelleres Reagieren auf E-Mails und Chats, mehr Meetings, mehr Aufgaben, mehr Arbeitsstunden. Doch wenn wir uns diese Prämisse näher anschauen, finden wir einfach keine solide Grundlage dafür. Ich bin zu der Überzeugung gelangt, dass alternative Herangehensweisen an die Produktivität ebenso gerechtfertigt sind, darunter auch solche, bei denen endlosen Aufgabenlisten und ständiger Aktivität eine geringere Bedeutung beigemessen und so etwas wie John McPhees gelassene Intentionalität zelebriert wird. Tatsächlich wurde deutlich, dass die Gewohnheiten und Rituale traditioneller Wissensarbeiter wie McPhee nicht nur inspirierend sind, sondern unter hinreichender Berücksichtigung der Arbeitsrealität des 21. Jahrhunderts auch eine Quelle von Ideen darstellen, wie wir unser modernes Verständnis von beruflicher Leistung verwandeln könnten.

Diese Erkenntnisse führten zu neuen Vorstellungen davon, wie wir an unsere Arbeit herangehen können, und mündeten schließlich in eine voll ausgeprägte Alternative zu den Grundannahmen, die unsere derzeitige Erschöpfung verursachen:

SLOW PRODUCTIVITY

Eine Philosophie, um Wissensarbeit auf nachhaltige und sinnvolle Weise zu organisieren, basierend auf den drei folgenden Prinzipien:

1. *Weniger tun.*
2. *Mit natürlicher Geschwindigkeit arbeiten.*
3. *Qualität an oberste Stelle setzen.*

Wie Sie auf den folgenden Seiten erfahren werden, lehnt diese Philosophie die Geschäftigkeit ab und betrachtet Überlastung als Hindernis für bedeutsame Ergebnisse, nicht als Anlass für Stolz. Sie geht auch von der Annahme aus, dass berufliche Leistungen mit einem vielfältigeren und menschlicheren Rhythmus erbracht werden sollten, in dem anstrengende Phasen sich mit Entspannung in vielen unterschiedlichen Zeiträumen abwechseln; zudem sollte allem die Konzentration auf eindrucksvolle Qualität zugrunde liegen statt auf performative Aktivität. Im zweiten Teil dieses Buches werde ich die Grundprinzipien der Philosophie ausführen und Ihnen sowohl eine theoretische Begründung dafür liefern, warum sie korrekt sind, als auch konkrete Ratschläge dazu, wie Sie sie in Ihrem Berufsleben umsetzen können – egal ob Sie selbst ein Unternehmen führen oder unter der Anleitung eines Vorgesetzten arbeiten.

Mein Ziel ist es nicht, lediglich Tipps zu geben, wie Sie Ihre Arbeit ein bisschen weniger anstrengend machen. Ebenso wenig will ich einfach nur einen metaphorischen Kampf für Sie führen gegen diese ausbeuterischen Unmenschen, denen Ihre Überforderung völlig gleichgültig ist (auch wenn wir sicherlich auch hierauf gelegentlich zurückkommen). Ich möchte Ihnen vielmehr einen *völlig neuen* Denkansatz für Sie selbst, Ihr kleines Unternehmen oder Ihren großen Arbeitgeber vorstellen, was es bedeutet, Dinge anzupacken und etwas zu schaffen. Ich möchte die Wissensarbeit vor der zunehmend unerträglichen Hektik retten und zu etwas Nachhaltigerem und Menschlicherem umgestalten, das es Ihnen ermöglicht, Dinge zu schaffen, auf die Sie stolz sind – und zwar ohne dass Sie sich dafür zugrunde richten müssen. Natürlich lässt sich dieser absichtsvollere Rhythmus nicht bei jedem Bürojob augenblicklich umsetzen, doch wie ich erläutern werde, ist er in einem größeren Umfang anwendbar, als Sie zunächst vielleicht annehmen. Mit anderen Worten, ich will Ihnen beweisen, dass Leistung ohne Burn-out nicht nur möglich ist, sondern der neue Standard sein sollte.

Ehe wir uns auf den Weg machen, müssen wir jedoch begreifen, wie die Wissensarbeit überhaupt in ihre gegenwärtige problematische Beziehung zur Produktivität hineingeraten ist. Denn es wird einfacher sein, den Status quo abzulehnen, wenn wir die Willkürlichkeit seiner Entstehung wirklich verstanden haben. Mit dieser Zielsetzung wollen wir unsere Reise nun beginnen.

Teil 1

GRUNDLAGEN

1 AUFSTIEG UND FALL DER PSEUDOPRODUKTIVITÄT

Im Sommer 1995 durchstreifte Leslie Moonves, der neue Unterhaltungschef von CBS, die Flure des riesigen Sendehauses von Television City. Was er sah, machte ihn nicht gerade froh: Es war Freitag, 15.30 Uhr, und die Büros waren zu drei Vierteln leer. In seinem 2006 erschienenen Buch *Desperate Networks* über die Fernsehbranche dieser Zeit beschrieb der Medienjournalist Bill Carter, wie der frustrierte Moonves ein erzürntes Memo zu den leeren Büros seiner Beschäftigten verfasste. »Falls irgendwer es noch nicht mitgekriegt hat: Wir liegen [bei den Einschaltquoten] an dritter Stelle«, schrieb er. »Ich vermute mal, dass ABC und NBC freitags um 15.30 Uhr noch arbeiten. Das wird nicht länger geduldet.«[9]

Auf den ersten Blick stellt diese Szene eine typische Fallstudie dar über die verschiedenen Einstellungen, die der Wissenssektor im Laufe des 20. Jahrhunderts in Bezug auf Produktivität einnahm: »Arbeit« ist irgendeine vage Angelegenheit, die Beschäftigte in einem Büro verrichten. Mehr Arbeit führt zu besseren Ergebnissen als weniger Arbeit. Aufgabe eines Vorgesetzten ist es, dafür zu sorgen, dass *genug* gearbeitet wird, denn ohne diesen Druck werden die faulen Mitarbeiter versuchen, mit dem absoluten Minimum davonzukommen. Die erfolgreichsten Unternehmen haben die fleißigsten Angestellten.

Aber wie sind wir zu diesen Überzeugungen gekommen? Wir haben sie oft genug gehört, um uns zu vergewissern, dass sie vermutlich zutreffen, doch bei näherem Hinsehen ist die Sache komplizierter. Es ist nicht schwierig, herauszufinden, dass wir im Bereich Wissensarbeit tatsächlich viel weniger wissen, als wir vorgeben, wenn es um die grundlegende Zielsetzung geht, Aufgaben zu erledigen …

Was bedeutet »Produktivität«?

Als in den letzten Jahren das volle Ausmaß der zunehmenden »Produktivitätsmüdigkeit« in unserer Kultur deutlich wurde, beschloss ich, meine Leser zu diesem Thema zu befragen. Mein Ziel war ein nuancierteres Verständnis der Ursachen dieser Veränderung. Letztlich nahmen fast 700 Personen an meiner informellen Studie teil, fast alle Wissensarbeitende. Meine erste substanzielle Frage sollte einfach sein, so eine Art Aufwärmübung: »Wie würden in Ihrem speziellen beruflichen Umfeld die meisten Menschen ›Produktivität‹ oder ›produktiv sein‹ definieren?« Die Antworten auf diese Einstiegsfrage überraschten mich allerdings. Und zwar nicht so sehr in Bezug darauf, was gesagt wurde, sondern eher darauf, was nicht gesagt wurde. In den wirklich meisten Antworten wurden einfach die *Arten* der Aufgaben aufgeführt, die der Befragte an seinem Arbeitsplatz übernahm.

»Inhalte und Dienstleistungen zum Nutzen unserer Mitgliedsorganisationen schaffen«, antwortete eine Führungskraft namens Michael. »Die Fähigkeit, [Predigten] zu schreiben, und sich gleichzeitig im Rahmen persönlicher Besuche um die Gemeindemitglieder kümmern«, sagte ein Pastor namens Jason. Eine Wissenschaftlerin namens Marianna verwies auf: »an Meetings teilnehmen … Laborversuche durchführen … und extern begutachtete Artikel schreiben«. Ein leitender Ingenieur namens George definierte Produktivität als: »das tun, was man zu tun versprochen hat«.

In keiner dieser Antworten ging es um konkrete zu erreichende Ziele oder Leistungsmessgrößen, die gut versus schlecht ausgeführte Arbeit unterscheiden konnten. Wenn Quantität überhaupt erwähnt wurde, dann tendenziell in dem allgemeinen Sinn, dass mehr immer besser ist. (Produktivität ist, »die ganze Zeit zu arbeiten«, erklärte eine erschöpfte Postdoc namens Soph.) Während ich immer mehr meiner Umfrageergebnisse las, machte sich eine beunruhigende Erkenntnis in mir breit: Bei all unseren Klagen über den Begriff haben Wissensarbeiter keine allgemein akzeptierte Definition dessen, was »Produktivität« überhaupt bedeutet.

Diese Schwammigkeit geht über die Selbstreflexion von Individuen hinaus; sie spiegelt sich auch in wissenschaftlichen Arbeiten zu diesem Thema. Der Managementtheoretiker Peter Drucker veröffentlichte 1999 eine einflussreiche Arbeit mit dem Titel »Knowledge-Worker Productivity: The Biggest Challenge«. Schon zu Beginn des Aufsatzes räumt Drucker ein, dass »die Forschung zur Produktivität des Wissensarbeiters kaum begonnen hat«.[10] Im Bemühen, diese Tatsache geradezurücken, führt er daraufhin sechs »Hauptfaktoren« an, die Produktivität im Wissensbereich beeinflussen, darunter ein klares Verständnis von Aufgabenstellungen und die Verpflichtung zu fortwährendem Lernen und zur Innovation. Wie auch bei meinen Umfrageergebnissen wird hier nur um das Thema herumgeredet – es werden Dinge identifiziert, die *möglicherweise* produktive Arbeit im allgemeinen Sinne fördern, ohne dass spezielle Messbarkeitskriterien oder Verbesserungsprozesse genannt werden. Vor ein paar Jahren interviewte ich für einen Artikel Tom Davenport, einen angesehenen Professor für Management am Babson College. Ich interessierte mich für Davenport, weil er zu einem früheren Zeitpunkt seiner Laufbahn einer der wenigen Akademiker gewesen war, die sich ernsthaft darum bemühten, Produktivität im Wissensbereich zu untersuchen, was zu seinem 2005 veröffentlichten Buch *Thinking for a Living: How to Get Better Performance and Results from Knowledge Workers* führte. Am Ende war Davenport frustriert darüber, wie schwer sich bei diesem Thema spürbare Fortschritte erzielen ließen, und wandte sich lohnenswerteren Bereichen zu. »In den meisten Fällen messen die Menschen die Produktivität von Wissensarbeitern nicht«, erklärte er. »Und falls doch, dann auf wirklich idiotische Weise, zum Beispiel danach, wie viele wissenschaftliche Arbeiten sie produzieren, ungeachtet der Qualität. Wir befinden uns noch im Anfangsstadium.«[11] Davenport hat fünfundzwanzig Bücher geschrieben oder mit herausgegeben. Er erzählte mir, dass sich *Thinking for a Living* von allen am schlechtesten verkauft hat.

Man kann gar nicht genug hervorheben, wie ungewöhnlich es ist, dass es einem derart großen Wirtschaftssektor wie der Wissensarbeit an hilfreichen Standarddefinitionen für Produktivität fehlt. In fast allen anderen Bereichen unserer Wirtschaft ist Produktivität nicht nur ein genau definiertes Konzept, sondern häufig auch wesentlich für den Ablauf der Arbeit. Tatsächlich kann ein Großteil des erstaunlichen wirtschaftlichen Wachstums, das unsere modernen Zeiten vorantreibt, einer systematischeren Behandlung dieser grundlegenden Idee zugeschrieben werden. Eine frühe Anwendung des Begriffs lässt sich in die Landwirtschaft zurückverfolgen, wo seine Bedeutung unmissverständlich ist. Für einen Bauern lässt sich die Produktivität einer Landfläche anhand der Nahrung bemessen, die sie hervorbringt. Dieses Verhältnis zwischen Aufwand und Ertrag ist wie eine Art Kompass, der es Landwirten erlaubt, sich innerhalb der verschiedenen Kultivierungsmethoden zurechtzufinden: Besser funktionierende Systeme bringen messbar höhere Erträge pro Hektar hervor. Eine solche Anwendung klarer Produktivitätskennzahlen zur Verbesserung von klar definierten Prozessen mag offensichtlich erscheinen, doch die Einführung dieser Vorgehensweise ermöglichte eine explosionsartige Weiterentwicklung der Effizienz. Im 17. Jahrhundert beispielsweise führte genau diese Form des messwertorientierten Experimentierens zum Vier-Phasen-Saatsystem von Norfolk, durch das es nicht mehr nötig war, Felder brachliegen zu lassen. Das wiederum machte viele Landwirte plötzlich viel produktiver und kurbelte die britische landwirtschaftliche Revolution an.[12]

Als die Industrielle Revolution sich im 18. Jahrhundert auch außerhalb Großbritanniens auszuweiten begann, übernahmen die ersten Kapitalisten ähnliche Produktivitätsvorstellungen wie bei den landwirtschaftlichen Flächen für ihre Mühlen und Fabriken. Mit steigenden Erträgen war der zentrale Gedanke, den Ausstoß für eine bestimmte Menge an eingesetztem Material zu messen und dann mit verschiedenen Prozessen zu experimentieren, um diesen Wert zu verbessern. Landwirte interessieren sich für Erträge pro Hektar, während Fabrikbesitzer sich für Automobile pro bezahlter Arbeitsstunde interessieren. Bauern können ihre Werte durch den Einsatz eines klügeren Saatrotationssystems verbessern, während Fabrikbesitzer ihre Werte vielleicht durch die Umstellung der Produktion auf kontinuierliche Fließbandarbeit erhöhen können. In diesen Beispielen werden unterschiedliche Dinge produziert, aber die Antriebsfeder für eine Veränderung der Methoden ist dieselbe: Produktivität.

Natürlich hatte diese Betonung der messbaren Verbesserung einen wohlbekannten Preis für die Menschen. Fließbandarbeit ist repetitiv und langweilig, und die Forderung, dass der Einzelne mit jeder seiner Handlungen effizienter werden soll, erzeugt Bedingungen, die zu Beeinträchtigungen und Erschöpfung führen. Doch weil die Produktivität in diesen Bereichen ein erstaunliches wirtschaftliches Wachstum hervorbringen konnte, wurden derartige Bedenken zum größten Teil beiseitegewischt. Fließbänder sind eintönig für Arbeiter, aber als Henry Ford 1913 seine Fabrik in Highland Park, Michigan, auf diese Methode umstellte, sank die Zahl der Arbeitsstunden, die für die Produktion eines Modell T benötigt wurden, von 12,5 auf ungefähr 1,5 – eine umwerfende Verbesserung.[13] Bis zum Ende des Jahrzehnts war die Hälfte aller Fahrzeuge in den Vereinigten Staaten von der Ford Motor Company hergestellt worden.[14] Die entsprechenden Gewinne waren zu verlockend, um ihnen zu widerstehen. Die Geschichte des Wirtschaftswachstums in der modernen westlichen Welt ist in vielerlei Hinsicht die Geschichte des Triumphs von Produktivitätsdenken.

Doch dann bildete sich Mitte des 20. Jahrhunderts der Wissenssektor als maßgebliche Kraft heraus, und diese profitable Abhängigkeit von griffigen, quantitativen, formalen Produktivitätsvorstellungen schwand dahin. Wie sich herausstellte, gab es dafür einen guten Grund: Die alte Vorstellung von Produktivität, die in Landwirtschaft und Produktion so gut funktioniert hatte, schien sich auf diese neue Form des kognitiven Arbeitens nicht anwenden zu lassen. Ein Problem ist die Variabilität des Einsatzes. Als der berüchtigte Effizienzberater Frederick Winslow Taylor Anfang des 20. Jahrhunderts die Produktivität bei Bethlehem Steel optimieren sollte, konnte er davon ausgehen, dass jeder Arbeiter in der Gießerei für eine einzelne, klar umrissene Aufgabe verantwortlich war, zum Beispiel für das Wegschaufeln der Eisenschlacke. Das ermöglichte es ihm, die Leistung eines jeden pro Zeiteinheit genau zu messen und nach Wegen zu suchen, wie sich diese Kennzahl verbessern ließe. In diesem speziellen Beispiel gestaltete Taylor letztlich eine bessere Schaufel für die Gießereimitarbeiter, die ein sorgfältiges Gleichgewicht herstellte zwischen dem Wunsch, mehr Eisen pro Hub zu bewegen, und der Vermeidung von unproduktiver Überlastung. (Falls Sie es genau wissen wollen, er legte fest, dass die optimale Schaufelladung 21 Pfund betrug.[15])

In der Wissensarbeit dagegen befassen sich die Individuen häufig mit komplizierten und ständig wechselnden Aufgabenstellungen. So arbeitet man etwa an einem Kundenbericht, trägt gleichzeitig Referenzen für die Unternehmenswebsite zusammen und organisiert eine Büroparty, während man eine Erklärung zu einem Interessenkonflikt aktualisiert, über die man soeben von der Personalabteilung per Mail informiert wurde. In einer solchen Umgebung lässt sich kein einzelnes klares Ergebnis nachverfolgen. Und selbst wenn Sie diesen Sumpf der Aktivitäten durchwaten, um die Tätigkeit zu identifizieren, die am wichtigsten ist – erinnern Sie sich an Davenports Beispiel, bei dem die akademischen Veröffentlichungen eines Professors gezählt wurden –, selbst dann lässt sich nicht einfach steuern, welche Auswirkungen die nicht damit zusammenhängenden Verpflichtungen auf die Produktivitätsfähigkeit jedes einzelnen Individuums haben. Vielleicht habe ich letztes Jahr mehr wissenschaftliche Arbeiten veröffentlicht als Sie, doch das mag zum Teil auch daran gelegen haben, dass Sie den Vorsitz in einem zeitraubenden, aber wichtigen Ausschuss innehatten. Bin ich in diesem Szenario wirklich der produktivere Mitarbeiter?

Auch die Henry-Ford-Vorgehensweise zur Verbesserung von Systemen statt Individuen konnte sich im Kontext der Wissensarbeit nicht durchsetzen. Ford konnte auf jeder Stufe seiner Entwicklung des Fließbands genau bestimmen, wie die T-Modelle in seiner Fabrik hergestellt wurden. Im Wissenssektor dagegen werden die Entscheidungen über die Organisation und die Durchführung der Arbeit weitgehend dem Einzelnen überlassen, der selbst einen Umgang damit finden muss. Die Unternehmen legen vielleicht fest, welche Software ihre Beschäftigten verwenden, aber die Systeme der Zuteilung, Lenkung, Organisation sowie Zusammenarbeit bei und letztlich Ausführung von Aufgaben werden im Allgemeinen jedem Einzelnen überlassen. »Der Wissensarbeiter kann nicht engmaschig oder im Detail kontrolliert werden«, sagte Peter Drucker in seinem einflussreichen Buch *The Effective Executive* von 1967. »Man kann ihn nur unterstützen. Aber lenken muss er selbst.«[16]

Wissensarbeitsorganisationen haben diese Empfehlung ernst genommen. Die sorgfältig entwickelten Fabriksysteme wurden durch die »persönliche Produktivität« in Büros ersetzt, bei der Individuen ihre eigenen ad hoc und oft mangelhaft definierten Werkzeuge und Tricks nutzen, um ihren Job zu erledigen, wobei keiner so genau weiß, wie andere ihre Arbeit organisieren. In einer derart willkürlichen Umgebung gibt es kein leicht verbesserbares System, kein Wissensäquivalent zu der zehnfachen Produktivitätssteigerung, die dem Fließband zugeschrieben wird. Auch Drucker selbst erkannte schließlich, wie schwierig es ist, bei so viel Autonomie die Produktivität zu verfolgen. »Meiner Meinung nach glaubte er, sie sei schwer zu verbessern … wir lassen die Insassen das Irrenhaus leiten, lassen sie nach ihren Wünschen arbeiten«, erzählte mir Tom Davenport in Erinnerung an Gespräche, die er in den 1990er-Jahren mit Drucker geführt hatte.

Diese Fakten schufen ein echtes Problem für den sich entwickelnden Wissenssektor. Ohne konkrete Produktivitätsmesswerte und gut strukturierte Verbesserungsprozesse waren sich die Unternehmen nicht darüber im Klaren, wie sie ihre Mitarbeiter führen sollten. Und als es in diesem Sektor immer mehr Freiberufler und Kleinunternehmer gab, wussten diese Individuen, die nur für sich selbst verantwortlich waren, nicht so recht, wie sie sich selbst führen sollten. Aus dieser Ungewissheit entwickelte sich schließlich eine einfache Alternative: *die sichtbare Aktivität als primitiven Ersatz für tatsächliche Produktivität zu verwenden.* Solange ich in meinem Büro zu sehen bin – oder, falls ich im Homeoffice arbeite, regelmäßig meine E-Mails und Chatnachrichten beantworte –, wissen Sie zumindest, dass ich *irgendetwas* mache. Je mehr Aktivität Sie sehen, desto eher können Sie davon ausgehen, dass ich zum Nettoprofit der Organisation beitrage. Auch für Freelancer und Entrepreneure gilt: Je emsiger ich bin, desto gewisser kann ich sein, dass ich alles mir Mögliche tue, um voranzukommen.

Mit dem Fortschreiten des 20. Jahrhunderts wurde diese Heuristik der sichtbaren Aktivität zu unserer vorherrschenden Denkweise über Produktivität in der Wissensarbeit. Deshalb versammeln wir uns in Bürogebäuden im Rahmen derselben Vierzigstundenwoche, die ursprünglich zur Begrenzung der körperlichen Erschöpfung durch Fabrikarbeit eingeführt wurde; deshalb haben wir ein schlechtes Gewissen, wenn wir unseren Posteingang ignorieren; und deshalb verspüren wir diesen verinnerlichten Druck zur freiwilligen Leistung oder zum »demonstrativen Beschäftigtsein«, wenn wir sehen, dass der Chef in der Nähe ist. In Ermangelung komplexerer Effektivitätsmesswerte bewegen wir uns auch weg von tiefergehenden Bemühungen und hin zu oberflächlicheren, konkreteren Aufgaben, die sich auf einer To-do-Liste besser abhaken lassen. Lange Arbeitszeiten, die keine unmittelbaren, deutlich erkennbaren Spuren der aufgewendeten Mühe hinterlassen, werden zu einer Quelle der Angst – es ist sicherer, E-Mails abzuarbeiten oder an Meetings teilzunehmen, als intensiv nachzudenken und eine wagemutige neue Strategie zu entwickeln. Eine Sozialarbeiterin, die sich selbst N. nannte, beschrieb in ihrer Antwort auf meine Leserumfrage die Notwendigkeit, »keine Pausen zu machen und den ganzen Tag unter Dampf zu stehen«, während ein Projektmanager namens Doug erklärte, seine Arbeit gut zu erledigen, bedeute im Kern lediglich »das Abliefern zahlreicher Produkte«, ob sie nun von Bedeutung seien oder nicht.

Der Wechsel von konkreter Produktivität zu dieser schwammigeren Ersatzheuristik ist so wichtig für unsere nachfolgende Diskussion, dass wir ihr einen formalen Namen und eine Definition geben sollten:

PSEUDOPRODUKTIVITÄT

Der Einsatz sichtbarer Aktivität als primäres Mittel, um sich einem tatsächlichen produktiven Bemühen anzunähern.

Es war die Unbestimmtheit dieser Philosophie, die meinen Lesern so viele Probleme bereitete, als ich sie bat, »Produktivität« zu definieren. Es ist kein leicht zu erklärendes formales System, sondern eher so etwas wie eine Stimmung – eine allgemeine Atmosphäre sinnvoller Aktivität, die durch hektische Betriebsamkeit aufrechterhalten wird. Auch ihre Schwächen sind subtiler. Für die ersten Wissensarbeiter hatte die Pseudoproduktivität klare Vorteile im Vergleich zu den konkreten Systemen, nach denen die Fabrikarbeit organisiert war. Viele Menschen spielten lieber in einem Büro mit Klimaanlage Emsigkeit vor, als den ganzen Tag in einer überhitzten Fabrik Metallblech zu stanzen. Wie wir gleich sehen werden, ist die auf Pseudoproduktivität fokussierte Arbeitsweise erst in den letzten Jahrzehnten gescheitert. Nachdem es dazu gekommen war, zeigte sich allerdings der erhebliche Schaden.

Warum sind wir so erschöpft?

Die einführende Fallgeschichte über CBS ist ein klassisches Beispiel von Pseudoproduktivität. Les Moonves brauchte mehr Leistung, also drückte er den offensichtlichen Knopf: Er verlangte von seinen Beschäftigten längere Arbeitszeiten. Doch ein weiterer Grund, warum ich gerade diese Geschichte ausgewählt habe, ist der Zeitpunkt. Mitte der 1990er-Jahre, als Moonves sein frustriertes Memo verschickte, hatte die Nachhaltigkeit von Pseudoproduktivität als Mittel der Organisation von Wissensarbeit stillschweigend, aber rapide zu schwinden begonnen.

Der Grund für diesen Rückgang war das Auftauchen von Netzwerkcomputern im Büro, das zu dieser Zeit stattfand. In einer Umgebung, in der Aktivität als Ersatz für Produktivität dient, hatte die Einführung von Tools wie E-Mails (und später Messaging-Diensten wie Slack), die ein sichtbares Signalisieren von Geschäftigkeit mit minimalem Aufwand ermöglichen, zur Folge: Wissensarbeiter wandten durch das unaufhörliche Empfangen und Versenden elektronischer Nachrichten im Durchschnitt immer mehr Zeit ihres Arbeitstags für das Reden *über* die Arbeit auf, und das so schnell und hektisch wie möglich. (Eine besonders vernichtende Analyse, durchgeführt vom Softwareunternehmen RescueTime auf Basis der Logdateien von über 10.000 Wissensarbeitern, ergab, dass die Studienteilnehmer im Durchschnitt alle sechs Minuten ihren Posteingang überprüften.[17]) Die anschließende Verbreitung von tragbaren Rechen- und Kommunikationsgeräten in Form von Laptops und Smartphones verschlimmerte diese Tendenz sogar noch, denn nun konnte die Forderung nach demonstrativer Tätigkeit sich über den Arbeitstag hinaus erstrecken und verfolgte uns abends bis nach Hause oder am Wochenende zum Fußballspiel der Kinder. Computer und Netzwerke eröffneten zahlreiche neue Möglichkeiten, aber in Kombination mit Pseudoaktivität führten sie schließlich zu einem übersteigerten Gefühl von Überlastung sowie Ablenkung und brachten uns auf Kollisionskurs mit der Burn-out-Krise, die uns heute plagt.

Es ist wichtig, das Ausmaß dieser aktuellen Leiden zu betonen. Eine kürzlich durchgeführte Studie von McKinsey und Lean In mit 65.000 nordamerikanischen Arbeitnehmern, hauptsächlich aus dem Wissenssektor, ergab zum Beispiel einen maßgeblichen Zuwachs derjenigen, die sich nach eigenen Angaben »oft« oder »fast immer« ausgebrannt fühlten.[18] Eine darauffolgende Umfrage des Markt- und Meinungsforschungsinstituts Gallup zeigte, dass amerikanische Beschäftigte jetzt zu den am meisten gestressten der Welt gehören. Jim Harter, leitender Arbeitswissenschaftler bei Gallup, merkte an, dass diese Stresswerte parallel zu anderen Kennzahlen gestiegen sind, die die zunehmenden Anstrengungen von Arbeitskräften aufzeigen. »Die Verschränkung von Arbeit und Leben erfordert noch einige Arbeit«, sagte er.[19]

Wir brauchen aber keine Daten, die uns lehren, was so viele bereits in ihrem eigenen Leben erfahren haben. Die Reaktionen auf meine Leserumfrage zum Beispiel waren voller Berichte von Überforderung und Erschöpfung durch die neue Bürotechnologie. Ein strategischer Planer namens Steve fasste diese Erfahrung gut zusammen:

> Es scheint, als hätten die Vorzüge der Technologie die Möglichkeit geschaffen, mehr in unseren Tag und unseren Terminkalender zu packen, als wir zu bewältigen in der Lage sind,

> wenn wir gleichzeitig ein Qualitätsniveau wahren, das die Arbeit überhaupt lohnenswert macht … Ich glaube, das ist der Punkt, an dem der Burn-out richtig wehtut – wenn einem etwas am Herzen liegt, man aber nicht in der Lage ist, es zu tun beziehungsweise es gut zu tun und ihm seine Leidenschaft und volle Aufmerksamkeit und Kreativität zu widmen, weil gleichzeitig so viel anderes von einem erwartet wird.

Eine Professorin namens Sandra bemerkte ein ähnliches Eindringen dieser Hyperaktivität in die akademische Welt und beschrieb sie folgendermaßen: Es sei ein Ansturm von »jeder Menge E-Mails, die hin- und hergehen, Slack, kurzfristigen Zoom-Meetings und so weiter, die mich (und überhaupt alle, wie es mir vorkommt) daran hindern, mir noch die Zeit für konzentriertes Arbeiten, Denken, Schreiben in hoher Qualität zu nehmen«. Eine virtuelle Assistentin mit Namen Myra hatte eine besondere Perspektive, denn sie konnte zusammenfassen, was ihr bei den zahlreichen Wissensarbeitern auffiel, die sie unterstützte. »Meine Kunden sind sehr beschäftigt, aber oft so überfordert von all dem, was sie tun wollen oder müssen, dass schwer herauszufinden ist, wo ihre Prioritäten liegen«, teilte sie mir mit. »Also versuchen sie einfach, mit voller Kraft weiterzuarbeiten, und hoffen, auf diese Weise voranzukommen.«

Diesen Beschreibungen kann ein gewisses Gefühl von Hoffnungslosigkeit innewohnen. Konkrete Produktivitätsmesswerte von der Art, wie der industrielle Sektor sie geprägt hat, werden für die schwerer fassbare Umgebung der Wissensarbeit niemals recht passen. (Und das sollten wir auch gar nicht *anstreben*, denn dieser quantitative Arbeitsgedanke führt wiederum zu eigenen unmenschlichen Bedingungen.) In Ermangelung von Klarheit kann Pseudoproduktivität allerdings wie die einzige praktikable Option erscheinen. Und wenn diese mit reibungslos funktionierenden Kommunikationswerkzeugen und tragbaren Computern kombiniert wird, ist das Ergebnis der sich ständig beschleunigende Aktivitätskreislauf, der uns, wie Myra es so passend beschrieb, dazu treibt, einfach eine Menge zu arbeiten – das berufliche Streben in jeden Winkel unseres Lebens zu pressen, in der Hoffnung, dieses unablässige Handeln möge sich irgendwie zu etwas Sinnvollem addieren. Ehe wir vor dieser düsteren Realität jedoch vollends kapitulieren, sollten wir die angenommene Unvermeidbarkeit der Pseudoproduktivität noch einmal näher überprüfen. Kehren wir ein letztes Mal zu unserer CBS-Geschichte zurück: Wenn wir hinter den schlichten Handlungsbogen von Les Moonves' kompromisslosem Management-Heroismus schauen, so beginnen sich Hinweise auf eine nuanciertere Auffassung von Leistung in der Wissensarbeit abzuzeichnen.

Ist eine bessere Vorgehensweise möglich?

Das ermutigende Ende der CBS-Geschichte ist, dass der ins Straucheln geratene Sender letztlich das Blatt wenden konnte und bei den Einschaltquoten vom letzten auf den ersten Platz vorrückte, wo er sich viele Jahre lang behauptete. Doch wie lässt sich dieser Umschwung eigentlich erklären? Bei näherer Betrachtung wird deutlich, dass Les Moonves' Forderung an seine Beschäftigten, sie sollten länger arbeiten, damit nur sehr wenig zu tun hatte. Überzeugender ist da schon die Erklärung, die sich in den verschlungenen Bemühungen von Anthony Zuiker finden lässt, einem Casino-Shuttlefahrer aus Las Vegas. Im Jahr 1996 erhielt der 26-jährige Zuiker 8 Dollar pro Stunde dafür, dass er Touristen zwischen dem Hotel Mirage und dem Hotel Treasure Islands hin- und herbeförderte, und er war verzweifelt. Als junger Erwachsener hatte er sich bei seinen Familienangehörigen und Freunden durch sein Naturtalent für aufmerksamkeitsstarkes Schreiben hervorgetan. Jetzt hatte er keine Ahnung, wie er diese Fertigkeit zum Einsatz bringen sollte. »In [Zuikers] dunkelsten Momenten fragte er Gott, warum ihm dieses ungewöhnliche Talent geschenkt worden war, wenn er nie die Chance erhalten sollte, es zu nutzen«, schreibt Bill Carter in *Desperate Networks*.[20]

Das Blatt wendete sich für Zuiker, als er einen originellen Monolog schrieb, den ein befreundeter Schauspieler bei seinem Vorsprechen nutzen sollte. Ein Hollywoodagent, der diesen Monolog hörte, verfolgte die Arbeit bis zu Zuiker zurück und fragte ihn, ob er einmal probieren wolle, ein Drehbuch zu schreiben. Zuiker kaufte sich ein Buch über das Drehbuchschreiben von Syd Field und verfasste ein Skript mit dem Titel *The Runner*, das von einem Spielsüchtigen handelt, der als Laufbursche für einen Gangster arbeitet. Das Skript wurde zu einem bescheidenen Preis verkauft, doch es genügte, damit Zuiker auf dem Radar einer neuen Abteilung der Produktionsfirma von Regisseur Jerry Bruckheimer erschien, die mehr in den Fernsehbereich vordringen wollte. Sie luden Zuiker ein, ihnen seine Ideen vorzustellen. Inspiriert von einer Reality-Sendung auf dem Discovery Channel namens *The New Detectives: Case Studies in Forensic Science*, die er sehr mochte, entwickelte Zuiker die Grundlagen einer Krimiserie ähnlich wie *Law & Order*, in der Hightech-Tools zur Aufklärung von Verbrechen zum Einsatz kamen.

Bruckheimers Firma war interessiert und forderte das Skript für eine Pilotfolge an. Um den Plot zu recherchieren, begann Zuiker, Zeit mit der Polizei von Las Vegas zu verbringen. Bei einer denkwürdigen Begegnung bat ihn das Ermittlungsteam, einen Schlafzimmerteppich nach Spuren zu durchkämmen. Als Zuiker sich mit seinem Kamm herabbeugte, sah er die drogenvernebelten Augen der Verdächtigen, die sich unter dem Bett versteckte. Sie attackierte Zuiker mit den Fingernägeln, ehe die anwesenden Polizisten sie bändigen konnten. »Hey, das ist ja eine richtige Show«, witzelte Zuiker.[21] Schließlich war er bereit, seine Idee einem Sender vorzustellen. »Zuiker wirkte seine Magie für eine Gruppe von Führungskräften aus der ABC-Spielfilmabteilung«, schreibt Carter. »Er hüpfte im Zimmer herum, sprang auf die Möbel und verlieh seinen Figuren Lebendigkeit.«[22] Trotz seiner Energie lehnte ABC ab.

Zuiker war jetzt ganz von seiner Vision erfüllt. Er reagierte auf diesen Misserfolg, indem er seine eigene Produktionsfirma gründete, Dare to Pass, die das einzige Ziel hatte, seine Krimiserie ins Leben zu rufen. Nachdem er das Interesse einer leitenden CBS-Mitarbeiterin namens Nina Tassler geweckt hatte, nahm Zuiker es auf sich, das Pilotfolgenskript ganze dreimal zu überarbeiten, alles im Bemühen, es fernsehtauglicher zu machen. Tassler brachte sein optimiertes Skript zu Moonves, der es nicht ganz begriff und das Projekt vertagte. Zuiker und Tassler arbeiteten weiter. Sie bezogen einen bekannten Fernsehregisseur namens Billy Peterson ein, der sich in einem Brief an Moonves leidenschaftlich für Zuikers Serie einsetzte. Moonves las den Brief und war endlich überzeugt: CBS würde eine Pilotfolge finanzieren.

Doch selbst dann scheiterte das Projekt. Die Pilotfolge wurde zu spät fertig, und als die CBS-Geschäftsleitung sie beim Mittagessen vorab anschaute, war klar, dass sie noch nicht recht funktionierte. Besonders Moonves fand, dass man der Story nur schwer folgen konnte. »Ihr müsst da noch mal ran und die Sache neu anpacken, Leute«, sagte er.[23] Das Team beeilte sich, die Folge zu überarbeiten. Die Zeit war knapp: Damit die Sendung im Herbst ausgestrahlt werden konnte, musste sie innerhalb nur weniger Monate fertig werden, um sie bei einem Vorab-Event den Werbeleuten zeigen zu können. Die endgültige Entscheidung für die Sendung wurde in allerletzter Minute getroffen, bei einem Planungstreffen unmittelbar vor dem Ablauf der Frist, innerhalb derer CBS sein Herbstprogramm ankündigen konnte. Am Ende musste Moonves sich entscheiden, ob er Zuikers Serie oder eine Komödie von Tony Danza mit dem Titel *Homewood P.I.* auf den Freitagabend legen würde – den letzten verfügbaren Sendeplatz. Er folgte seinem Bauchgefühl und wählte Zuiker. Diese Entscheidung erwies sich als folgenreich. Zuikers Projekt, das schließlich den Titel *CSI* erhielt, war schon bei seiner ersten Ausstrahlung wenige Monate später im Herbst 2000 ein Erfolg. In Kombination mit dem anderen Durchbrucherfolg von CBS in dieser Saison, *Survivor*, genügten die Einschaltquoten, um CBS auf den ersten Platz zu befördern.[24]

Die Einzelheiten des Umschwungs von CBS zeigen einen nützlichen Kontrast zwischen unterschiedlichen Auffassungen von Produktivität. Moonves versuchte, seinen Sender zu retten, indem er seine Mitarbeiter drängte, mehr zu arbeiten. Was jedoch am Ende den Ausschlag gab, waren die intensiven Bemühungen eines exzentrischen kreativen Talents, das über drei Jahre lang einer Vision gefolgt und immer wieder darauf zurückgekommen war im Bemühen, etwas Besonderes zu erschaffen.* Anthony Zuikers Bemühungen waren in ihrer Art und Intensität deutlich vielfältiger als das, was Moonves von

* Es ist natürlich zu beachten, dass die Realisierung von Zuikers kreativer Arbeit letztlich auch der mutigen Unterstützung durch die leitende CBS-Mitarbeiterin Nina Tassler bedurfte. Diese intensive Mitwirkung von Tassler hatte nur wenig mit Überstunden oder demonstrativer Geschäftigkeit zu tun. Es ging vielmehr um die Anwendung kreativer Instinkte, die von langjähriger Erfahrung geprägt waren. Das sind die Aktivitäten, die am Ende den Unterschied bei durchschlagenden Erfolgen ausmachen, nicht das ostentative Vorführen von Arbeitsethos.

seinen Angestellten verlangte. Zuiker tauchte nicht jeden Tag in einem Büro auf oder nahm pflichtbewusst an endlosen Meetings teil. Es gab lange Phasen während der Entwicklung von *CSI,* in denen Zuikers sichtbare Aktivität minimal gewesen wäre, ausgewogen mit anderen Phasen, die intensiver waren. Aber wenn man das Ganze über die Jahre verteilt betrachtet, ist seine Produktivität unübersehbar – wen kümmert es zum Beispiel, ob er sich 1999 einen Monat lang ausruhte, wenn er im Jahr 2000 letztlich den Sender rettete?

So wie John McPhee auf seinem Gartentisch auf einen Geistesblitz für die Struktur seiner Reportage wartete, verweisen Zuikers Mühen auf eine Definition von sinnvoller und wertvoller Arbeit, die keine hektische Betriebsamkeit erfordert. Ihre Magie zeigt sich vielmehr über längere Zeiträume hinweg und entsteht aus einem Rhythmus, der im Vergleich zu den unerbittlichen Ansprüchen der Hightech-Pseudoproduktivität geradezu *langsam* erscheint, wie man es in Ermangelung eines besseren Begriffs nennen könnte.

2 EINE LANGSAMERE ALTERNATIVE

Im Jahr 1986 gab McDonald's bekannt, dass in Rom auf der Piazza di Spagna nahe der Spanischen Treppe ein riesiges neues Restaurant mit über 450 Plätzen eröffnet werden sollte. Viele Italiener waren davon nicht begeistert. Mitglieder des Stadtrats versuchten, die Eröffnung zu verhindern, während der Modedesigner Valentino, der in der Gegend ein Studio hatte, eine Kontaminierung seiner maßgeschneiderten Modelle durch Burgergerüche befürchtete. »Was uns am meisten stört, ist die Amerikanisierung unseres Lebens«, prangerte der Filmregisseur Luciano De Crescenzo an.[25] Der Bürgermeister stellte eine spezielle Entsorgungstruppe auf, um die weggeworfenen Hamburgerverpackungen aufzulesen, die seiner Ansicht nach bald die Straßen säumen würden.

Inmitten dieser Unruhen führte der erfahrene Aktivist und Journalist Carlo Petrini eine neue Initiative ein, die er Slow Food nannte. Ein entsprechendes Manifest legte deren Ziele fest:

> Gegen jene – oder eher die große Mehrheit –, die Effizienz mit Irrsinn verwechseln, regen wir die Impfung mit einer angemes-

> senen Dosis sinnlicher Gaumenfreuden an, einzunehmen mit langsamem und verlängertem Genuss.
>
> Passenderweise beginnen wir in der Küche mit Slow Food. Um der Eintönigkeit von »Fast Food« zu entkommen, lasst uns die vielfältigen Spielarten und Aromen der lokalen Küche wiederentdecken.[26]

In ganz Italien bildeten sich weitere Slow-Food-Gruppen. Sie traten ein für langsam eingenommene Mahlzeiten, gemeinschaftlich verzehrt und hergestellt aus lokalen und saisonalen Zutaten. Nach einiger Zeit widmeten sie sich damit zusammenhängenden Zielen, etwa der Einführung von Unterricht zu regionalen Gerichten an Grundschulen oder der Bewahrung traditioneller Nahrungsmittel wie der köstlichen Vesuv-Aprikose, die aus der Region Campana in Süditalien stammt.[27] Im Jahr 1996 organisierte die Bewegung den ersten Salone del Gusto in Turin, um lokale Ernährungstraditionen und handwerkliche Fertigungsmethoden zu fördern. Die Veranstaltung findet alle zwei Jahre statt und lockt inzwischen über 200.000 Besucher an, die sich an über 1500 Ständen umsehen können.[28] Heute gibt es Slow-Food-Gruppierungen in 160 Ländern.

Oberflächlich betrachtet mag Slow Food wie eine Nischeninitiative aussehen – ein nostalgischer Zusammenschluss von Feinschmeckern, die sich mit den kulinarischen Möglichkeiten italienischer Aprikosen befassen. Bis vor Kurzem hätte ich genauso gedacht, wenn es sich denn überhaupt ergeben hätte, dass ich mir darüber Gedanken mache. Doch als ich anfing, mich mit den Themen rund um Wissensarbeit und Pseudoproduktivität zu beschäftigen, kam mir Carlo Petrinis Streben nach Besonnenheit am Esstisch überraschend vorrangig in den Sinn.

Die Langsamkeitsrevolution

Das erste Mal stieß ich auf die Welt des Slow Food wegen meiner Begeisterung für den Begriff *slow* – langsam –, der alles zu erfassen schien, was Pseudoproduktivität nicht war. Ich kannte die Grundzüge der Geschichte dieser Bewegung – McDonald's, Rom, lange Mahlzeiten – und dachte, sie könne sich als nützliche Analogie erweisen, wenn die Sprache auf Alternativen zum beschleunigten Arbeitsrhythmus kam. Doch als ich mich eingehender über Petrini informierte, fand ich heraus, dass es bei Slow Food um mehr geht als um Essen – es ist eine Exemplifizierung zweier weitreichender, innovativer Ideen, die auf viele verschiedene Bemühungen angewendet werden können, eine Reformbewegung zu schaffen, die auf die Exzesse der Moderne reagiert.

Die erste dieser Ideen ist die Macht der reizvollen Alternativen. Wie Michael Pollan 2003 in einem erhellenden Artikel über Slow Food zusammenfasst, war Carlo Petrini in den 1980er-Jahren »bestürzt über die Armesündersturheit seiner Kameraden zur Linken«. Es verschafft einem persönliche Befriedigung, mit Ingrimm auf die Fehler eines Systems hinzuweisen, doch Petrini gelangte zu der Ansicht, dass man den Menschen für einen nachhaltigen Wandel eine genussvolle und lebensbejahende Alternative bieten muss. Petrini schrieb nicht einfach einen scharfzüngigen Leitartikel über die verderblichen Mächte von McDonald's, sondern warb stattdessen für eine reizvolle neue Beziehung zu Essen, die Fast Food ganz offensichtlich abgeschmackt wirken ließ. »Wer für andere leidet, schadet der Menschheit mehr als derjenige, der genießt«, erklärte Petrini.[29]

Die zweite mit Slow Food verknüpfte Idee ist die Macht des Schöpfens aus bewährten kulturellen Innovationen. Aktivismus beinhaltet die Verlockung, radikal *neue* Ideen zu propagieren, denn das bewahrt die utopische Möglichkeit einer tadellosen Lösung. Doch Petrini erkannte: Wenn er eine reizvolle Alternative zu Fast Food bieten wollte, wäre es klug, sich auf eine *traditionelle* Esskultur zu beziehen, die sich über viele Generationen hinweg durch Experimente nach dem Prinzip Versuch und Irrtum entwickelt hatte. Bei Slow Food geht es nicht um längere Mahlzeiten, sondern um eine Form des gemeinsamen Essens, die in italienischen Dörfern jahrhundertelang üblich gewesen war. Es geht nicht nur um frischere Zutaten, sondern um Gerichte, die Ihre Ururgroßmutter gekocht haben könnte. Traditionen, die die Herausforderungen der kulturellen Evolution überlebt haben, so glaubte er, werden eher haften bleiben.

In seinem Artikel von 2003 gibt Pollan zu, dass er zuerst skeptisch war im Hinblick auf diesen nostalgischen Aspekt der Bewegung. Zu Beginn seines Essays schreibt er: »Ich stellte mir die Slow Foodies als altertümliche Feinschmecker vor, die ungefähr so viel zur Debatte über das Ernährungssystem beizusteuern hatten wie eine Versammlung von Pferdekutschenliebhabern zur Diskussion über SUVs.« Doch als er Näheres über Petrinis innovativen Aktivismus erfuhr, änderte sich seine Einstellung. Slow Food war nicht rückwärtsgewandt, um der Gegenwart zu entfliehen, sondern vielmehr um Ideen zu finden, mit denen sich die Zukunft neu formen ließe. Pollan nimmt seine ursprüngliche Skepsis zurück und räumt ein, die Initiative leiste »einen ernst zu nehmenden Beitrag zur Auseinandersetzung über Umweltschutz und Globalisierung«.[30]

Für sich betrachtet sind Petrinis zwei große Ideen zur Entwicklung von Reformbewegungen – die Konzentration auf Alternativen zum Falschen und das Beziehen von Lösungen aus altbewährten Traditionen – offensichtlich in keiner Weise auf Essen beschränkt. Sie lassen sich auf jedes Umfeld anwenden, in dem ein willkürlicher Modernismus den menschlichen Erfahrungen zuwiderläuft. Dieser Anspruch wird bestätigt von den vielen neuen Slow-Bewegungen, die an den ursprünglichen Erfolg von Slow Food angeknüpft haben und andere Aspekte unserer Kultur aufgreifen, die unter unvorstellbarer Hektik litten.

In seinem 2004 erschienenen Buch *In Praise of Slowness* dokumentiert der Journalist Carl Honoré, dass zu diesen Nachfolgebewegungen auch Slow Cities gehört, die ebenfalls in Italien ihren Ursprung hatte (wo sie Cittaslow heißt) und sich für fußgängerfreundlichere Städte einsetzt, die den lokalen Handel unterstützen und ganz allgemein nachbarschaftlicher aufgestellt sind. Auch Slow Medicine gehört dazu, eine Bewegung, die sich für die ganzheitliche Behandlung des Menschen einsetzt anstelle des Fokus auf eine einzelne Erkrankung, und Slow Schooling, wobei Grundschulen vom Druck durch konsequenzenreiche Leistungstests und Konkurrenzkampf befreit werden sollen. Etwas jünger ist die Slow-Media-Bewegung, die sich für nachhaltigere und qualitätsvollere Alternativen zu digitalen Clickbaits einsetzt,[31] und der Begriff Slow Cinema wird zunehmend verwendet, um realistische, weitgehend nicht narrative Filme zu beschreiben, die eine verstärkte Aufmerksamkeit mit tieferen Erkenntnissen über das menschliche Dasein belohnen. »Die Slow-Bewegung galt anfangs als Idee für eine Handvoll Menschen, die gern gut essen und trinken«, erklärte der Bürgermeister von Petrinis Heimatstadt Bra. »Inzwischen stellt sie aber eine viel umfassendere kulturelle Diskussion dar über die Vorzüge des Handelns auf menschlichere, weniger hektische Art und Weise.«[32]

Slow Food. Slow Cities. Slow Medicine. Slow Schooling. Slow Media. Slow Cinema. Alle Bewegungen basieren auf der radikalen, aber wirkungsvollen Strategie, den Menschen eine langsamere, nachhaltigere Alternative zur modernen Emsigkeit zu bieten, die sich aus altbewährten Weisheiten speist. Während ich bei meiner Berichterstattung über Wissensarbeit mehr über diese Ideen erfuhr, entwickelte sich daraus ein natürlicher Folgegedanke: Vielleicht brauchen wir zur Bekämpfung der Unmenschlichkeit unserer gegenwärtigen beruflichen Überlastung nicht so sehr eine redliche Geringschätzung der Situation oder eine drastische neue Politik, sondern vielmehr eine langsamere Vorstellung dessen, was es überhaupt bedeutet, produktiv zu sein.

Die Suche nach einer besseren Alternative

Eine der reizvollen Entwicklungen der unmittelbaren postpandemischen Phase ist die Chance, die sie für eine grundlegende Revision dessen bietet, wie Wissensarbeit funktioniert. Der umwälzende Rückzug in virtuelle Meetings und ins Homeoffice im Frühjahr 2020 hat diesen Sektor aus seiner Selbstzufriedenheit des Business as usual gerissen. Nachdem die Ablenkung durch den gesundheitlichen Notstand geschwunden war, dachten nicht wenige ehemalige Büroarbeiter darüber nach, welche anderen großen Veränderungen wohl möglich wären.

Diese neue Einstellung spiegelt sich wider in den Auseinandersetzungen zwischen Angestellten und Führungskräften bezüglich der geplanten Rückkehr in die Bürogebäude. Im Frühling 2022, als der Apple-CEO Tim Cook erklärte, die Beschäftigten müssten wenigstens ein paar Tage pro Woche persönlich in der Unternehmenszentrale in Cupertino auftauchen, folgten die Protestreaktionen schnell und intensiv. »Hört auf, uns wie Schulkinder zu behandeln, denen man sagen muss, wann sie wo sein und welche Hausaufgaben sie machen sollen«, forderte ein offener Brief an Cook, der von einer Mitarbeitergruppe namens AppleTogether verfasst worden war.[33] In den folgenden Monaten schob Cook den Plan zur Rückkehr ins Büro aufgrund dieses Widerstands mehrfach auf. Noch ein ganzes Jahr nach Cooks ursprünglicher Ankündigung, während ich dieses Kapitel schreibe, dauert der Kampf an, wobei Cook jetzt offen damit droht, die Angestellten zu sanktionieren, die sich immer noch der Rückkehr verweigern.[34] »Jene frustrierten Apple-Mitarbeiter streiten nicht nur über ihren Arbeitsweg«, schrieb ich in einem Artikel für den *New Yorker* über diese Auseinandersetzung. »Sie sind die Speerspitze einer Bewegung, die die Umwälzungen der Pandemie nutzt, um eine ganze Reihe der willkürlichen Annahmen infrage zu stellen, welche den modernen Arbeitsplatz definiert haben.«[35]

Dieser neue Fokus auf entscheidende Veränderungen zeigt sich auch im wachsenden Interesse an der Viertagewoche. Im Februar 2023 gab das Vereinigte Königreich die Ergebnisse einer groß angelegten Studie bekannt, an der über sechzig Unternehmen teilnahmen, die mit einer verringerten Wochenarbeitszeit experimentierten. Wie die BBC berichtete, waren die Resultate »überwältigend positiv«.[36] Über 90 Prozent der teilnehmenden Firmen erklärten, sie würden zumindest fürs Erste mit dem Experiment fortfahren. In den Vereinigten Staaten schlug der Kongressabgeordnete Mark Takano eine Gesetzgebung vor, nach der die Standardwochenarbeitszeit durch den Fair Labor Standards Act offiziell von vierzig auf zweiunddreißig Stunden verringert werden sollte. Auch wenn sein Vorschlag sich nicht durchsetzen konnte, experimentieren Firmen wie Lowe's und Kickstarter bereits auf eigene Faust mit diesen geringeren Arbeitszeiten.[37]

Dieses plötzliche Interesse an Experimenten am Arbeitsplatz ist sowohl willkommen als auch notwendig, denn ein Großteil unserer Tätigkeiten im

Wissensarbeitssektor ist heutzutage zu Traditionen und Konventionen verknöchert, von denen manche willkürlich und einige von anderen, älteren Formen des Arbeitens abgeleitet sind. Doch die Vorschläge, die derzeit Wellen schlagen, fühlen sich auch irgendwie unzulänglich an. Initiativen zur Aufrechterhaltung der Telearbeit oder zur Verringerung der Wochenarbeitszeit beheben zwar unmittelbar einige der schlimmsten Nebenwirkungen von Pseudoproduktivität, packen das Problem aber kaum an der Wurzel. Diese Ideen sind in der Arbeitswelt das Äquivalent zur Reaktion auf die wachsende Fast-Food-Kultur in Form der Forderung, McDonald's solle seine Gerichte irgendwie nährstoffreicher machen – das würde wohl einige der gesundheitlichen Folgen dieser Ernährung lindern, aber nicht die Kultur infrage stellen, die hastiges Essen überhaupt erst notwendig macht.

Wie Carlo Petrini uns gelehrt hat, wäre es eine nachhaltigere Reaktion auf die Burn-out-Krise in der Wissensarbeit, eine reizvolle Alternative anzubieten. Dazu müsste man über die Versuche hinausgehen, einfach die Pseudoproduktivität zu beschränken, und stattdessen eine ganz neue Vision dessen schaffen, was Produktivität bedeuten kann. Die Schwierigkeit liegt natürlich darin, sich die Details einer solchen Alternative vorzustellen. Hier wird Petrinis zweite große Idee relevant: sich auf altbewährte Konzepte zu berufen. Wenn wir uns Wissensarbeit informell so vorstellen, dass Leute in Büros sitzen und an Computern arbeiten, kann es schwierig werden, eine traditionelle Weisheit zu finden, die für eine so ausgesprochen moderne Aktivität von Relevanz ist. Um Petrinis Slow-System erfolgreich einsetzen zu können, ziehen wir doch stattdessen die folgende, umfassendere Formulierung in Betracht:

WISSENSARBEIT (ALLGEMEINE DEFINITION)

Die wirtschaftliche Aktivität, bei der Wissen durch die Anwendung kognitiver Leistung in ein Produkt mit Marktwert umgewandelt wird.

Diese Definition umfasst nach wie vor Standardbüromitarbeiter wie etwa Computerprogrammierer, Marketingfachleute, Buchhalter, Manager und so weiter. Doch umfasst sie nun auch viele andere kognitive Berufe, die es schon länger gibt als den Büroarbeitsplatz. Nach dieser Definition sind zum Beispiel Autoren Wissensarbeiter, ebenso wie Philosophen, Wissenschaftler, Musiker, Dramatiker und Künstler. Diese traditionelleren kognitiven Berufe sind natürlich oft exklusiver als Standardbürojobs – professionelle Musiker oder von Mäzenen geförderte Renaissance-Wissenschaftler hatten und haben weitaus mehr Flexibilität und Optionen bei der Gestaltung ihres Arbeitslebens als beispielsweise ein Personalkoordinator. Nur zu leicht lassen sich diese Fallstudien daher mit einem abschätzigen Verweis auf Privilegien ablehnen. (Ich sehe schon den Tweet: »Muss nett sein, wenn Lorenzo de' Medici einem die Rechnungen bezahlt!«) Das mag eine befriedigende Reaktion sein, die aber für unsere höheren Zwecke nicht hilfreich ist. Gerade diese exklusiven Freiheiten sind es, die traditionelle Wissensarbeiter interessant für unser Projekt machen, denn sie geben ihnen den nötigen Raum und die Zeit, um herumzuexperimentieren und herauszufinden, was am besten funktioniert, wenn es darum geht, mithilfe des menschlichen Gehirns nachhaltigen Wert zu schaffen. *Natürlich* können die meisten von uns die spezifischen Details des Arbeitstages von, sagen wir, John McPhee nicht unmittelbar nachahmen. Was wir suchen, ist keine direkt kopierfähige Vorlage, sondern es sind allgemeine Ideen, die wir aus diesem exotischen Territorium auf die pragmatischeren Einschränkungen der gewöhnlichen Arbeitsplätze im Wissenssektor des 21. Jahrhunderts übertragen können. Ich kann vielleicht nicht zwei ganze Wochen auf meinem Picknicktisch hinter dem Haus herumliegen, aber in dieser Geschichte verbirgt sich eine entscheidende Erkenntnis über den Wert des Verlangsamens zur Vorbereitung auf ein schwieriges Projekt. Wenn wir unsere Frustration darüber überwinden können, dass diese traditionellen Wissensarbeiter Privilegien genossen haben, die uns nicht zur Verfügung stehen, dann finden wir in ihren Erfahrungen vielleicht die Grundlagen für ein Produktivitätskonzept, das unsere schwierigeren Tätigkeiten besser handhabbar macht.

Hat man erst einmal angefangen, bei traditionellen Wissensarbeitern nach solchen langsameren beruflichen Gewohnheiten im Stile McPhees Ausschau zu halten, findet sich leicht eine Vielzahl von Beispielen. Denken Sie nur an Isaac Newton, der die Feinheiten der Infinitesimalrechnung auf dem Lande nördlich der Cambridge University durchdachte,[38] oder an eine Bildhauerin namens Anna Rubincam, die in einem sehr schön gestalteten, online geposteten Video dokumentiert, wie sie ihrem Handwerk in einem zweckmäßigen Atelier in Südlondon nachgeht, dessen Türen zu einem stillen, baumgesäumten hinteren Gartengrundstück weit geöffnet sind. (Die Leserin, die mir diesen Clip schickte, überschrieb ihre Nachricht mit »Sinnbild konzentrierten Arbeitens«. Da stimme ich zu.) Eine besonders unterhaltsame Beschäftigung ist es, die exzentrischen Örtlichkeiten ausfindig zu machen, an die berühmte Schriftsteller sich zum Schreiben zurückzogen. Wie ich später noch ausführen werde, entwickelte Peter Benchley, Autor von *Der weiße Hai*, seinen Thrillerklassiker im Hinterzimmer einer Ofenreparaturwerkstatt, und Maya Angelou schrieb gerne auf gelbe Notizblöcke, während sie bäuchlings und auf die Ellbogen gestützt auf Hotelbetten lag.[39]

Anfang 2022 war ich endlich so weit, all meine Überlegungen zusammenzufügen über die Frage, wie sich Carlo Petrinis Slow-Movement-Konzept auf die durch Pseudoproduktivität hervorgerufenen Probleme anwenden ließ. In einem Artikel, den ich in dieser Zeit veröffentlichte, gab ich meiner neu entstehenden Philosophie einen Namen – eine ganz selbstverständliche Bezeichnung angesichts meiner Inspirationsquellen, die ich seither fortlaufend verwende: *Slow Productivity* – langsame Produktivität.

Eine neue Philosophie

Der zweite Teil dieses Buches beschäftigt sich mit der Ausarbeitung einer Philosophie der Slow Productivity – eines alternativen Konzeptes, das Wissensarbeiter anwenden können, um Aufgaben zu organisieren und auszuführen, und das die von der Pseudoproduktivität erzeugte Hast und ständig wachsende Arbeitsbelastung umgeht. Mein Ziel ist es, eine humanere und nachhaltigere Methode vorzustellen, mit der sich berufliches Arbeiten in ein ausgewogenes Leben integrieren lässt. Mit anderen Worten: Die Hinwendung zur Slow Productivity bedeutet, dass Sie Ihre Arbeit neu einsortieren als Quelle der Sinnhaftigkeit statt der Überforderung, zugleich aber in der Lage bleiben, werthaltige Ergebnisse zu erzielen.

Um besser zu verstehen, was das bedeutet, kehren wir noch einmal zu der formalen Definition zurück, die bereits in der Einleitung vorgestellt wurde:

SLOW PRODUCTIVITY

Eine Philosophie, um Wissensarbeit auf nachhaltige und sinnvolle Weise zu organisieren, basierend auf den drei folgenden Prinzipien:

1. *Weniger tun.*
2. *Arbeiten mit natürlicher Geschwindigkeit.*
3. *Qualität an oberste Stelle setzen.*

Kernstück dieser Philosophie sind drei Grundprinzipien. Dementsprechend ist Teil 2 dieses Buches in drei lange Kapitel unterteilt, eines für jeden dieser Ansätze. Zu Beginn jedes Kapitels erkläre ich die mit dem jeweiligen Prinzip zusammenhängende Empfehlung und begründe, warum sie entscheidend ist für die Erzielung eines nachhaltigeren Arbeitslebens. Auf diese Begründungen folgt dann eine Reihe an *Vorschlägen* mit konkreten Ideen zur Anwendung der Prinzipien in der chaotischen Realität eines durchschnittlichen Wissensarbeitsplatzes. Sie finden hier nützliche Ratschläge und Strategien, die Sie wie benötigt an Ihre spezifischen beruflichen Umstände anpassen können. Jedes Kapitel enthält auch ein *Intermezzo* mit selbstreflektiven Kommentaren und Kritik an den entwickelten Ideen. Ich habe diese Abschnitte eingefügt, um die Tatsache hervorzuheben, dass diese Ideen neu und kompliziert sind und nicht jeder sie auf dieselbe Weise annimmt. Meine Hoffnung ist, dass Sie Ihre eigenen spezifischen Erfahrungen in diese Vorschläge einbauen, sodass Sie Ihre eigene spezifische Sammlung von Erkenntnissen und Schlussfolgerungen aufbauen können.

In Anlehnung an Carlo Petrinis Vision ist Teil 2 voll mit Geschichten und Beispielen aus dem Leben traditioneller Wissensarbeiter aus verschiedensten Gebieten und Zeitabschnitten. Sie begegnen beispielsweise Jane Austen, Benjamin Franklin und Galileo, aber auch etwas moderneren Persönlichkeiten wie Georgia O'Keeffe, Lin-Manuel Miranda und Mary Oliver. Ich nutze diese Geschichten als Quelle der Ideen, die ich dann in pragmatischere Ratschläge umwandele, angepasst an die Realitäten moderner Arbeitsplätze. Bemerkenswert ist aber, dass die in diesen Geschichten transportierten allgemeinen Einstellungen und Stimmungen auch für sich allein stehen können. Petrinis Vorbild folgend, bin ich davon überzeugt: Es ist eine der besten Methoden, Ihnen die »vergessene Kunst, ohne Burn-out zu arbeiten«, nahezubringen, indem ich Sie in die Welt derjenigen einführe, die erfolgreich ihr Leben an diesem Ziel ausgerichtet haben.

Ehe wir uns jedoch mit diesen Einzelheiten beschäftigen, möchte ich Ihnen versichern, dass Slow Productivity nicht von Ihnen verlangt, Ihren Ehrgeiz abzulegen. Der Mensch schöpft tiefe Zufriedenheit daraus, gut in dem zu sein, was er tut, und Nützliches hervorzubringen. Diese Philosophie kann als nachhaltigerer Weg zu diesen Errungenschaften verstanden werden. Nur wenige wissen beispielsweise, wie lange Isaac Newton tatsächlich brauchte, um all die in seinem Meisterwerk *Principia* enthaltenen Ideen zu entwickeln (über zwanzig Jahre). Sie wissen nur, dass dieses Buch, nachdem es erst einmal veröffentlicht war, die Wissenschaft für immer verändert hat. Der Wert seiner Ideen lebt fort, während die gemächliche Geschwindigkeit, mit der sie hervorgebracht wurden, bald vergessen war. Slow Productivity unterstützt über Generationen hinauswirkende Errungenschaften, lässt sie sich jedoch in einer humaneren Geschwindigkeit entwickeln.

Auch wenn es in diesem Buch um die Produktivität von Wissensarbeit ganz allgemein geht, so richtet es sich insbesondere an jene, die bei ihrer Tätigkeit über ein gewisses Maß an Autonomie verfügen. Dazu gehören natürlich Freiberufler, Einzel- und Kleinunternehmer. Dass in solchen Umgebungen Pseudoproduktivität herrscht, liegt nicht an den Forderungen eines Vorgesetzten, sondern im Wesentlichen in der eigenen Verantwortung, was ein immenses Potenzial für individuelle Experimente freilegt. Zu der Zielgruppe, die mir vorschwebt, gehören aber auch Menschen, die vielleicht für größere Arbeitgeber tätig sind, dabei jedoch erhebliche Freiheit bei der Ausgestaltung ihrer Arbeit genießen. Als Professor gehöre ich beispielsweise zu dieser zweiten Gruppe, ebenso wie etwa eine Produktdesignerin, von der erwartet wird, dass sie geradezu aus dem Sichtfeld verschwindet, bis sie bereit ist, dem Team eine neue Idee zu präsentieren, oder ein Mitarbeiter im Homeoffice, dessen Arbeitsergebnisse nur ganz grob nachverfolgt werden.

Wer dagegen in einem Büro unter engmaschiger Aufsicht arbeitet, wird es schwerer haben, die von mir vorgeschlagenen Strategien in vollem Umfang umzusetzen. Das gilt auch für Menschen mit hochgradig strukturierter Tätigkeit, zum Beispiel für einen Arzt, der sich innerhalb eines inflexiblen Patientenschemas bewegt, oder einen frisch gebackenen Rechtsanwalt, der hauptsächlich danach bewertet wird, wie viele abrechenbare geleistete Arbeitsstunden er anhäuft. Das bedeutet nicht, dass Slow Productivity nicht irgendwann einmal auch diese Randbereiche der Wissensarbeit reformieren könnte (Sie finden im Schlussteil dieses Buches meine erweiterte Vision für die Zukunft dieser Bewegung); doch jede Revolution braucht einen Anfangspunkt, und bei etwas so Folgenschwerem wie einer ganz neuen Vorstellung von Produktivität ist es sinnvoll, sich zunächst auf diejenigen zu fokussieren, denen das Experimentieren mit der eigenen Arbeit möglich ist.

Fahren wir nun also mit diesen Zielsetzungen und Vorbehalten fort …

Teil 2

PRINZIPIEN

3 WENIGER TUN

Das erste Prinzip der Slow Productivity

Ende Oktober 1811 warb eine Anzeige in einer Londoner Zeitung für »einen neuen Roman von einer Dame«. Der Name der Autorin wurde nicht genannt, doch in einer späteren Anzeige, die im Folgemonat erschien, wurde sie näher als »Lady A.« bezeichnet.[40] Das Buch war *Sinn und Sinnlichkeit*, und hinter dem Pseudonym verbarg sich natürlich Jane Austen, die ihr Romandebüt gab. Austen hatte über zehn Jahre lang an einer Auswahl von Manuskripten gearbeitet, die sie jetzt anscheinend alle gleichzeitig zu ihren eindrücklichen Endfassungen überarbeitete. *Sinn und Sinnlichkeit* setzte eine bemerkenswerte fünf Jahre währende Abfolge von Veröffentlichungen in Gang, zweifellos etwas noch nie Dagewesenes in der Geschichte der modernen Literatur. Kurz darauf erschienen *Stolz und Vorurteil, Mansfield Park* und schließlich 1815 *Emma*. Zwei Jahre später starb sie mit nur einundvierzig Jahren.[41]

Eine beliebte Erklärung für Austens Produktivität ist, dass sie die Kunst des Schreibens heimlich zu beherrschen lernte und zwischen den vielen Verpflichtungen ihres sozialen Standes anfallsartig Prosatexte schrieb. Quelle dieser Vorstellung war Austens Neffe James, der über fünf Jahre nach Austens Tod, im Jahr 1869, eine vage viktorianische Biografie seiner Tante herausbrachte, die dazu beitrug, ihr Werk einer breiteren Öffentlichkeit bekannt zu machen. In Kapitel 6 seines Memoirs schrieb James die folgende denkwürdige Beschreibung nieder:

> Es ist erstaunlich, wie sie das alles bewältigte, denn sie hatte kein separates Studierzimmer, in das sie sich zurückziehen konnte, und einen Großteil ihrer Arbeit muss sie im Salon vorgenommen haben, wo sie allen nur denkbaren Unterbrechungen ausgesetzt war. Sie achtete sorgfältig darauf, dass ihre Beschäftigung den Bediensteten, Besuchern oder jeglichen Personen außerhalb ihres Familienkreises verborgen blieb. Sie schrieb auf kleinen Papierbögen, die leicht eingesteckt oder mit einem Stück Löschpapier abgedeckt werden konnten. Es gab eine Tür zwischen der Eingangstür und den Arbeitsräumen, die beim Öffnen quietschte; sie lehnte es jedoch ab, diese kleine Unannehmlichkeit beheben zu lassen, denn sie kündigte ihr an, wenn sich jemand näherte.[42]

Diese Geschichte einer ehrgeizigen, aber frustrierten Dame von Stand, die ihr Handwerk im Geheimen ausübt, könnte direkt aus einem von Austens Romanen stammen. Und angesichts dieser gefälligen Übereinstimmung ist es wenig überraschend, dass die Legende sich verbreitete. Sie wird in modernen Erzählungen wie in Mason Curreys wunderbarem Buch *Musenküsse* von 2013[43] ebenso aufgegriffen wie in älteren Versuchen, sich der Welt Austens zu nähern. »Doch Jane Austen war froh über die quietschende Tür, denn so konnte sie ihr Manuskript verbergen, ehe jemand eintrat«, wiederholt Virginia Woolf 1929 in *Ein Zimmer für sich allein.*

Diese Geschichte kann zahlreichen Zwecken dienen. Woolf nutzt sie zum Beispiel für ihre Argumentation über Geschlechterrollen und intellektuelle Autonomie. Weniger komplexe Erzählungen stilisieren sie zu einer

Mahnung, niemals die eigenen Träume aufzugeben. Doch wenn wir unseren Fokus auf das Thema Produktivität lenken, wird James' Darstellung seiner Tante plötzlich beunruhigend. Diese Schilderung scheint ein Produktionsmodell zu befürworten, bei dem bessere Ergebnisse verlangen, noch mehr Arbeit in den eigenen Zeitplan hineinzuquetschen. Das Hindernis, das Sie von Ihrem eigenen *Sinn und Sinnlichkeit* trennt, ist, so scheint es, die Bereitschaft, mehr zu tun. Austen nutzte die kurzen Zeiträume zwischen langwierigen gesellschaftlichen Besuchen, um in ihrem Salon auf Zetteln zu schreiben, also warum können Sie nicht um fünf Uhr morgens aufstehen oder Ihre Mittagspause besser nutzen?

Eine nähere Betrachtung von Austens Leben lässt jedoch Zweifel an der Erzählung ihres Neffen vom heimlichen Schreiben aufkommen. Moderne Biografien, die sich stärker auf Material aus Primärquellen stützen, belegen, dass die wahre Jane Austen keine Vertreterin von zermürbender Geschäftigkeit war, sondern vielmehr eine starke Fallstudie für etwas ganz anderes: ein langsameres Herangehen an Produktivität.

Jane Austen wuchs auf im England des späten 18. Jahrhunderts, in dem Dorf Steventon im ländlichen Hampshire, und zwar auf einem kleinen Bauernhof. Es waren Kühe zu melken und Federvieh zu hegen. Ihre Familie backte Brot und braute ihr eigenes Bier. Im Sommer gab man den Kindern Heurechen, und sie kochten Marmelade und Gelee ein. Im Herbst halfen sie beim Einbringen der Ernte. Als Austen noch klein war, verwandelte ihr Vater, der Pfarrer ihrer Gemeinde, das Pfarrhaus, in dem sie wohnten, in eine improvisierte Knabenschule, sodass zu den täglichen Pflichten nun auch gehörte, sich um das leibliche und sonstige Wohl eines halben Dutzends wild umherrennender Jungen zu kümmern.

Das heißt nicht unbedingt, dass die Familie Austen zur Arbeiterklasse zählte. Wie Claire Tomalin in ihrer 1997 erschienenen Biografie *Jane Austen: A Life* erklärt, lebte sie in der gesellschaftlichen Welt einer »Pseudooberschicht«, bestehend aus »Familien, die ein Leben gemäß den Werten der Oberschicht anstrebten, ohne Land oder ein maßgebliches ererbtes Vermögen zu besitzen«.[44] Es ist jedoch klar, dass Austen nicht so aufwuchs wie eine der Figuren aus ihren Büchern, die ihre Tage in einem hübsch eingerichteten Salon verbrachten und Besucher empfingen, während die Bediensteten üppige Mahlzeiten zubereiteten. Sie musste arbeiten. Auch wenn Austen eine leidenschaftliche Leserin war und schon in jungen Jahren, von ihrem Vater ermutigt, zu schreiben begann, war sie viel zu beschäftigt mit der täglichen Arbeit in Haus, Hof und Schule der Familie, um sich ernsthaft mit dieser Kunst zu befassen.

Das änderte sich jedoch im Sommer 1796, als Austens Vater beschloss, die Knabenschule im eigenen Haus zu schließen. »[Das führte zu einer] Erleichterung der ganzen Arbeit, die mit der Planung und Zubereitung von Mahlzeiten, dem Waschen, Putzen und Bettenmachen einherging«, schreibt Tomalin.[45] Und aufgrund ihrer plötzlich drastisch verringerten Pflichten trat Austen ein in eine Phase der »phänomenalen« Produktivität. Sie arbeitete an einem Schreibtisch im oberen Stockwerk und las ihrer Familie abends ihre Entwürfe vor. So schuf sie erste Versionen dessen, was später zu ihren drei großen Romanen werden sollte. Wie Tomalin hervorhebt, war es Austens Fähigkeit, »sich vom um sie herum stattfindenden Alltagsleben abzuwenden«,[46] die es ihr ermöglichte, ihre literarische Stimme zu finden.

Diese Phase stark reduzierter Verantwortlichkeiten endete 1800 abrupt, als Austens Eltern scheinbar aus heiterem Himmel beschlossen, das Haus in Steventon zu verlassen und in den Erholungsort Bath zu ziehen. Während der folgenden zehn Jahre war Austen ständig unterwegs, lenkte den Umzug von einem neuen Haushalt zum anderen und übernahm noch mehr Pflichten, als sie mit der Krankheit und schließlich dem Tod ihres Vaters konfrontiert wurde. Da sie nun keine Möglichkeit mehr hatte, einen »Arbeitsrhythmus« aufrechtzuerhalten, wie Tomalin es formuliert, hörte Austen auf zu schreiben.

Austens Brillanz wäre der Welt vorenthalten geblieben, hätte eine schicksalhafte Entscheidung im Jahr 1809 nicht zu einem Umschwung geführt, der die Bedingungen für Austens Produktivität massiv zum Besseren wandte. Erschöpft von den turbulenten letzten zehn Jahren zogen Austen, ihre Mutter, ihre Schwester Cassandra sowie Martha Lloyd, eine Freundin der Familie, in ein bescheidenes Cottage an der Straßenkreuzung des verschlafenen

Städtchens Chawton. Das Haus gehörte zu einer großen Liegenschaft, die Austens Bruder Edward von entfernten Verwandten der Familie Austen geerbt hatte. Diese hatten keine eigenen Kinder gehabt und Edward vor Jahren als ihren rechtmäßigen Erben eingesetzt.

Entscheidend für Austens Arbeit war, dass ihre Familie, ausgelaugt von den Komplikationen und Herausforderungen der zurückliegenden Jahre, sich eine dringend benötigte Atempause gönnte, indem sie beschloss, sich vom gesellschaftlichen Leben Chawtons weitgehend fernzuhalten. Das war keine leichte Entscheidung. Die Tatsache, dass Austens Bruder das Dorf praktisch gehörte und er in einem eindrucksvollen Haus nur ein paar hundert Yards die Straße hinunter wohnte, bedeutete, dass es Gelegenheiten für aktives gesellschaftliches Emporkommen wohl im Überfluss gab. Doch die Austens waren nicht daran interessiert. »Es gab keine Tanzgesellschaften und nur wenige Abendessen«, schreibt Tomalin, »und sie lebten weitgehend zurückgezogen mit ihren privaten Beschäftigungen befasst.«[47]

Austens Mutter, die jetzt über siebzig war, begann, im Garten ihres Cottage zu arbeiten, wobei sie zum Amüsement der anderen Einwohner die Kleidung eines Tagelöhners trug. Ebenso wichtig war eine stillschweigende Übereinkunft, wonach die jüngste Austen-Tochter vom Großteil der verbleibenden Hausarbeit befreit war. Sie bereitete morgens das Familienfrühstück zu, hatte jedoch über diese Pflicht hinaus die Freiheit, zu schreiben. »In dieser Hinsicht besaß sie das Privileg einer allgemeinen Entbindung von häuslichen Pflichten, wenn Cass und Martha zu Hause waren«, erläutert Tomalin.[48]

Zum ersten Mal seit über zehn Jahren hatte Austen, vor der Welt verborgen in einem Cottage in Chawton und plötzlich fast wunderbar frei von den meisten häuslichen wie gesellschaftlichen Verpflichtungen, echten und bedeutsamen Raum zum Denken und kreativen Schaffen. Hier, an einem bescheidenen Schreibtisch am Fenster mit Blick auf die Straße, beendete sie endlich die Manuskripte von *Sinn und Sinnlichkeit* und *Stolz und Vorurteil*, ehe sie mit der Arbeit an *Mansfield Park* und *Emma* begann.

Austens Neffe mag die Geschichte einer durchgeplanten Austen verbreitet haben, die sittsam und korrekt in ihrem Salon saß und zwischen unaufhörlichen Ablenkungen in hektischen Schüben arbeitete, doch die Realität ihrer bemerkenswerten Jahre in Chawton ist eindeutig eine ganz andere.* Austens Geschichte ist, wenn sie richtig erzählt wird, alles andere als die Verherrlichung einer heimlichen, disziplinierten Emsigkeit, sondern scheint vielmehr das genaue Gegenteil dieser Vorgehensweise zu vermitteln. In den turbulenten Phasen ihres Lebens war Austen *nicht* in der Lage, kreativ zu arbeiten. Erst als ihre Verpflichtungen durch äußere Umstände und Findigkeit stark verringert wurden, konnte Austen endlich ihre beste Arbeit vollenden.

Diese Lektion, dass weniger zu tun bessere Ergebnisse ermöglichen kann, widerspricht unserer zeitgenössischen Auffassung von Aktivität, die auf der Überzeugung beruht, dass mehr zu tun uns Optionen offenhält und mehr Chancen auf Erfolg schafft. Aber denken Sie daran, dass die *beschäftigte* Jane Austen weder glücklich war noch ein denkwürdiges Werk schuf, während die *unbelastete* Jane Austen, die zufrieden in dem ruhigen Cottage in Chawton schrieb, die englische Literatur verwandelte.

Tatsächlich ist die Vereinfachung so wichtig für unsere in der Entwicklung begriffene Philosophie, dass ich sie hier als offizielles erstes Prinzip der Slow Productivity festhalten will:

---

* Eine interessante Parallele zum Salon-Produktivitätsmythos der Jane Austen findet sich im Beispiel von J. R. R. Tolkien. Gemäß dem Tolkien-Biografen Raymond Edwards wurde allgemein angenommen, dass Tolkien die ersten Erzählungen für sein Buch der *Verschollenen Geschichten* – seine ersten Versuche im Hinblick auf die Mythologie, die sich zu seinen berühmten Romanen entwickeln sollte – mitten im Ersten Weltkrieg unter Beschuss schrieb, nämlich im Schützengraben des Bataillons, bei dem er stationiert war. Wie Edwards anmerkt, verwies Tolkien selbst später »auf die schiere Unmöglichkeit einer zusammenhängenden literarischen Arbeit unter solchen Bedingungen« und bezeichnete diese Behauptung als »Schwindel«. Tatsache ist, dass Tolkien die *Verschollenen Geschichten* erst zu schreiben begann, als er sich in einem britischen Krankenhaus vom Grabenfieber erholte, ein Umfeld nicht unähnlich Austens Cottage in Chawton, in dem ihm plötzlich ein Übermaß an freier Zeit gewährt wurde. Raymond Edwards: *Tolkien* (Ramsbury: The Crowood Press, 2022), 96.

PRINZIP NR. 1: WENIGER TUN

Bemühen Sie sich, Ihre Verpflichtungen so weit zu verringern, dass Sie sie leicht erfüllen können und Ihnen noch Zeit übrig bleibt. Nutzen Sie diese verringerte Belastung, um sich ganz auf die kleine Zahl der Projekte einzulassen, die am wichtigsten sind, und diese voranzutreiben.

Die hier genannte Empfehlung ist natürlich leichter gesagt als tatsächlich umgesetzt. Im Kontext Ihres Berufslebens scheint Betriebsamkeit vermutlich unvermeidlich. Kunden verlangen Aufmerksamkeit, und Vorgesetzte bombardieren Sie mit Aufgaben. Selbst wenn Sie selbstständig sind mit voller Kontrolle über Ihren Arbeitstag, kann die Notwendigkeit von Einkünften die Absicht untergraben, Ihre Arbeitsbelastung zu verringern. Jane Austens lange Schreibsitzungen an ihrem Arbeitsplatz im Cottage in Chawton mögen dem Wissensarbeiter mit überquellendem Posteingang wie ein wunderbarer Traum vorkommen.

Mein Ziel in diesem Kapitel ist es, Sie dazu zu bewegen, dass Sie diese ehrgeizige Vision von bewusst geschaffener Schlichtheit nicht aufgeben. In den meisten modernen Arbeitsumgebungen *ist* es möglich, wenn Sie bereit sind, kreativ zu sein – und vielleicht auch manchmal radikal – im Hinblick auf die Auswahl und die Organisation Ihrer Tätigkeiten. Auf den folgenden Seiten werde ich näher ausführen, warum die Selbstverpflichtung zur Schlichtheit in der modernen Wissensarbeit ebenso vorteilhaft (und erreichbar) sein kann, wie sie es für Austens literarisches Schreiben im viktorianischen Zeitalter war. Im Anschluss werde ich dann einige konkrete Vorgehensweisen zur Umsetzung dieses ersten Prinzips der Slow Productivity beschreiben.

Vom Cottage ins Großraumbüro oder: warum Wissensarbeiter weniger tun sollten

Im Frühjahr 2021 erlitt Jonathan Frostick, Programmmanager bei HSBC, der von zu Hause arbeitete, einen Herzinfarkt. Das wissen wir, weil er anschließend ein Selfie aus seinem Krankenhausbett auf LinkedIn postete, verbunden mit einer Liste von sechs Entschlüssen, wie er sein Leben verändern würde, falls er überlebte. Der Beitrag ging viral, wurde fast 300.000-mal online kommentiert und von internationalen Medien aufgegriffen.

Der Vorfall erregte meine Aufmerksamkeit aufgrund dessen, was Frostick zum ersten seiner sechs aufgeführten Entschlüsse gewählt hatte: »Ich werde nicht mehr den ganzen Tag bei Zoom verbringen.« Wie Frostick später in einem *Bloomberg*-Interview sagte, hatte er während des ersten Pandemiejahres zunehmend Zeit in Videokonferenzen investiert. Infolgedessen wurden seine Arbeitstage immer länger. »Während ich vorher normalerweise irgendwann zwischen fünf und halb sechs Feierabend gemacht hatte, war ich jetzt an manchem Freitagabend erst um acht fertig, total erschöpft und befasst mit Gedanken daran, dass ich noch etwas für Montag vorbereiten musste und gar nicht die Zeit dafür hatte«, berichtete er. »Daraufhin fing ich an, tatsächlich am Wochenende zu arbeiten.«[49] Frostick war nicht der Einzige, der sich in dieser Zeit von seinen Aufgaben überfordert fühlte. Ein von Microsoft veröffentlichter Bericht über Arbeitstrends besagt, dass die in Meetings verbrachte Zeit sich während des ersten Jahres der Pandemie um den Faktor 2,5 erhöht hatte, während zugleich auch die Menge an Chatnachrichten und E-Mails explodierte. Der Bericht fasst zusammen: »Die digitale Intensität des Arbeitstags hat sich deutlich verstärkt.«[50]

Die meisten Wissensarbeiter brauchen natürlich keine Statistiken, um sie von einem Trend zu überzeugen, den sie unmittelbar selbst erleben. Als das Jahr 2021 angebrochen war, hörte ich meine Leserinnen und Leser regelmäßig darüber klagen, dass sie praktisch den ganzen Tag in aufeinanderfolgenden virtuellen Meetings verloren waren und mehr oder weniger jede freie Minute dazwischen mit hyperaktiven Slack-Chats gefüllt war. Die Berichte wurden so schrecklich, dass ich dazu überging, diesen Zeitabschnitt als

Zoom-Apokalypse zu bezeichnen. Mit alldem will ich sagen, dass Jonathan Frosticks Herzinfarkt nicht überraschend war, ebenso wenig wie sein erster Beschluss zum Zweck der Erholung, nämlich dieser Videokonferenzenhölle zu entkommen. Die für unsere Zwecke wichtige Frage ist jedoch, warum das alles überhaupt passiert ist.

Wenn Sie in der Wissensarbeit eine neue Verpflichtung eingehen, sei es eine kleine Aufgabe oder ein großes Projekt, bringt das ein gewisses Maß an fortlaufender Verwaltungsarbeit mit sich: beispielsweise hin- und hergehende E-Mails, um weitere Informationen zu erlangen, oder Meetings, um sich mit Ihren Mitarbeitern abzustimmen. Dieser *Mehraufwand* entsteht, sobald Sie eine neue Verantwortung übernehmen. Nicht nur Ihre To-do-Liste wächst, sondern auch der Gesamtumfang an Mehraufwand, den Sie leisten. Da der Tag eine festgelegte Anzahl von Stunden hat, nehmen diese administrativen Pflichten immer mehr Zeit von Ihrer Kernarbeit weg, und das verlangsamt die Geschwindigkeit, mit der die entsprechenden Ziele erreicht werden.

Bei einer mäßigen Arbeitsbelastung kann dieser Effekt frustrierend sein: ein allgemeines Gefühl, dass die Beendigung Ihrer Arbeit länger dauert, als sie sollte. Wenn Ihre Arbeitsbelastung jedoch wächst, erreicht Ihr Mehraufwand schließlich einen Kipppunkt, jenseits dessen logistische Mühen so viel von Ihrer Zeit verschlingen, dass Sie alte Aufgaben nicht schnell genug abschließen können, um mit neuen Schritt zu halten. Diese Feedbackspirale kann schnell außer Kontrolle geraten und Ihre Arbeitsbelastung immer weiter nach oben treiben, bis Sie schließlich den gesamten Tag mit Verwaltungstätigkeiten zubringen: ein Meeting nach dem anderen, und das alles vor dem Hintergrund unablässig eingehender Mails und Chatnachrichten. Die einzige Lösung ist es schließlich, die eigentliche Arbeit auf Ad-hoc-Sessions nach der Arbeitszeit zu verlagern – abends und in den frühen Morgenstunden oder übers Wochenende – im verzweifelten Bemühen, den totalen Zusammenbruch sämtlicher nutzbringender Ergebnisse zu verhindern. Sie sind so beschäftigt, wie Sie immer schon waren, und doch schaffen Sie dabei am Ende fast nichts.

Genau diese Dynamik erklärt die Zoom-Apokalypse. Um die Gründe dafür herauszufinden, schauen wir uns einmal näher an, was sich mit dem

Eintreten der Pandemie für Wissensarbeiter wie Jonathan Frostick veränderte. Dieser Gesundheitsnotstand betraf verschiedene Wirtschaftssektoren auf unterschiedliche Weise. In der Wissensarbeit war der offensichtliche Umbruch der Umstieg auf Arbeit aus dem Homeoffice, was für einen plötzlichen Anstieg neuer Aufgaben sorgte, die sich darum drehten, unsere Tätigkeit außerhalb eines Büros zu ermöglichen. Als College-Professor erinnere ich mich zum Beispiel, wie ich mich durch diesen ersten Pandemiefrühling gekämpft und herauszufinden versucht habe, wie ich meine Kurse in ein Onlineformat umwandeln konnte. Ich kaufte mir ein billiges Plastik-Tablet und einen elektronischen Stift, damit ich auf ein virtuelles Whiteboard zeichnen konnte, das ich meinen Studierenden dann über Zoom freigab, stellte aber fest, dass die Technologie mangelhaft war. Deshalb experimentierte ich mit verschiedenen stiftbasierten Anwendungen von Apple herum, bis ich etwas fand, das funktionierte. Ich war auch gezwungen, endlich die Kursmanagement-Software von Canvas zu meistern, damit ich elektronische Anmeldungen annehmen konnte. Für sich genommen waren diese neuen Aufgaben nicht überwältigend groß, doch sie kamen unerwartet und gingen mit einer gewissen Dringlichkeit einher. Viele andere Wissensarbeiter machten ähnliche Erfahrungen. Die Pandemie schüttete sie nicht mit neuer Arbeit zu, schien jedoch plötzlich ihren administrativen Mehraufwand stark zu erhöhen.

Die Verschiebung zum Homeoffice machte auch das Zusammenarbeiten irgendwie weniger effizient, wodurch mehr Zeit erforderlich war, um die Anforderungen dieses neuen Mehraufwands zu erfüllen. Wenn wir im selben Gebäude arbeiten und ich Sie etwas zu einem Projekt fragen will, kann ich warten, bis Ihre Bürotür offen ist, und dann für ein spontanes fünfminütiges Gespräch bei Ihnen vorbeischauen. Wenn ich dagegen von zu Hause arbeite, organisieren wir stattdessen vielleicht ein Zoom-Meeting, was aufgrund des Formats der meisten digitalen Kalender vermutlich bedeutet, dass wir mindestens dreißig Minuten dafür reservieren müssen. »Wenn wir im Homeoffice arbeiten, wird eine solche Ad-hoc-Abstimmung schwerer zu organisieren«, schrieb ich 2020 in einem Artikel über die Kosten der Arbeit von zu Hause aus, »und Entscheidungen werden hinausgezögert.«[51]

Diese Steigerungen sowohl in der Quantität des Mehraufwands als auch in dessen Kosten waren mäßig. (Ich musste für meine College-Seminare neue Technologien erlernen, aber es war zum Beispiel nicht nötig, komplett neue Kurse zu entwickeln.) Und doch reichten diese mäßigen Steigerungen aus, um viele, so wie Jonathan Frostick, über den Kipppunkt des Mehraufwands hinaus und in jene alles verschlingende Masse von logistischen Anstrengungen zu treiben, welche die schlimmsten Momente der Zoom-Apokalypse definierten. Diese Beobachtung ist nicht nur wichtig im Hinblick darauf, was sie uns über unsere Arbeit während der Pandemie sagt, sondern auch hinsichtlich dessen, was sie uns über unsere Arbeit *unmittelbar vor* diesen Umwälzungen sagt. Als im Frühjahr 2020 der Wechsel zum Homeoffice begann, hatten viele Wissensarbeiter ihre Arbeitsbelastung bereits bis an die Grenze des Mehraufwandkipppunktes hochgetrieben, jenes maximal mögliche Maß an administrativem Verwaltungsaufwand, unter dem es ihnen noch möglich war, mehr oder weniger Schritt zu halten. Alles, was es brauchte, um ihr Berufsleben aus dem Gleichgewicht zu bringen, war ein letzter unerwarteter Schubser. Als die Umwälzungen der Pandemie zu Ende gingen und wir der Zoom-Apokalypse entkamen, schienen viele gleich wieder zu derselben gefährlichen Schwelle zurückgekehrt zu sein, waren kaum in der Lage, genug zu schaffen, und fürchteten, nur eine zusätzliche Anforderung oder einen Notfall von einem erneuten Kontrollverlust entfernt zu sein.

Man muss kein Arbeitsexperte sein, um zu erkennen, dass dieses Feiglingsspiel mit dem Mehraufwandkipppunkt eine irrwitzige Methode ist, unser berufliches Leben zu gestalten. Um konkreter zu werden, betrachten wir ein paar einfache Zahlen. Stellen Sie sich vor, Sie erstellen Berichte, die Ihr Unternehmen verkauft. Stellen Sie sich außerdem vor, dass es sieben Stunden Kernarbeit braucht, um einen einzigen Bericht fertigzustellen, und jeder Bericht, dessen Erstellung Sie übernommen haben, kostet Sie eine Stunde täglich an Mehraufwand (E-Mail, Meeting, geistige Beschäftigung und so weiter), bis er fertig ist.* Wenn Sie bei diesem gedanklichen Experiment nur jeweils einen Bericht übernehmen und ihm Ihre volle Aufmerksamkeit widmen, bis er fertig ist, ehe Sie mit der Arbeit an einem neuen beginnen, erstellen Sie einen Bericht pro Tag (unter der Annahme, dass Sie acht Stunden täglich arbeiten). Stimmen Sie dagegen zu, vier verschiedene Berichte gleichzeitig zu übernehmen, zehrt der kombinierte Mehraufwand für die Aufrechterhaltung aller vier Projekte auf Ihrer Aufgabenliste die Hälfte Ihres Tages auf durch logistische Bemühungen, was die Zeit für die Fertigstellung eines einzigen Berichts tatsächlich verdoppelt. In diesem Beispiel führt es zu mehr Ergebnissen, wenn Sie weniger tun.

Der Vorteil daran, weniger zu tun, reicht jedoch weiter, als nur die Zahl der Stunden zu erhöhen, die nützlicher Tätigkeit gewidmet sind; auch die *Qualität* dieser Stunden erhöht sich. Wenn Sie ein Projekt angehen ohne die drängende Notwendigkeit, viele kaum flackernde Feuer am Brennen zu halten, werden Sie mit einem umfassenderen Gefühl des Experimentierens und der Möglichkeiten belohnt. Vielleicht können Sie auch eine clevere neue Geschäftsstrategie entdecken, einen eleganten Algorithmus entwickeln oder eine knackige Werbekampagne aushecken, die Ihnen bei stärker fragmentierter Aufmerksamkeit gar nicht in den Sinn gekommen wären. Es gibt ermüdende physiologische und neurologische Erklärungen für diesen Effekt, die mit den geistig einschränkenden Auswirkungen von Cortisol bei einem unrealistisch vollen Terminkalender zusammenhängen oder mit der erforderlichen Zeit, um ergiebige semantische Verknüpfungen zwischen den Neuronen Ihres Gehirns herzustellen. Doch wir brauchen keine Wissenschaft, um uns von etwas zu überzeugen, das wir alle unmittelbar erlebt haben: Unser Gehirn funktioniert besser, wenn wir nicht gestresst sind.

Wir haben nun ein häufiges Missverständnis bezüglich des ersten Prinzips von Slow Productivity widerlegt: Nur zu leicht lässt sich »weniger tun« verwechseln mit »weniger erreichen«. Doch dieses Verständnis stellt die Dinge

---

* Eine maßgebliche Eigenschaft von Mehraufwand ist, dass er dazu tendiert, so viel Zeit einzunehmen, wie ihm eingeräumt wird. Solange ein Projekt etwas ist, zu dem Sie sich verpflichtet haben, und es nicht abgeschlossen ist, wird es einen fortlaufenden Aufwand in Form von Besprechungen, spontaner E-Mail-Korrespondenz und schlicht der altbekannten geistigen Beschäftigung erzeugen.

auf den Kopf. Ob Ihre Aufgabenliste überquillt oder bescheiden ist, Sie arbeiten doch mehr oder weniger dieselbe Anzahl von Stunden pro Woche. Der Umfang Ihrer Liste wirkt sich lediglich darauf aus, wie nützlich diese Stunden zur Hervorbringung von Ergebnissen sind. Hier finden wir das wichtigste Argument dafür, warum weniger zu tun für moderne Wissensarbeiter genauso wichtig ist, wie es für Jane Austen war. Nicht, weil Überforderung erschöpfend und unhaltbar und ein jämmerlicher Zustand ist – obwohl all das zweifellos zutrifft –, sondern weil wir besser in unserer Tätigkeit sind, wenn wir weniger tun; nicht nur psychologisch, sondern auch wirtschaftlich und kreativ. Sich intensiv auf eine kleine Anzahl von Aufgaben zu konzentrieren, jede zu Ende zu bringen, ehe man etwas Neues beginnt, ist objektiv eine viel bessere Methode zur Nutzung unseres Gehirns, um wertvolle Ergebnisse zu erzielen.

Aber ist eine geringere Arbeitsbelastung überhaupt noch möglich? Die Wissensarbeitskultur scheint so stark darauf zu beruhen, immer mehr und mehr Aufgaben zu bewältigen, mit immer größerer »Effizienz«, dass die Vorstellung, weniger zu tun, selbst wenn sie im abstrakten Sinne logisch sein mag, uns in der Praxis wie ein unmöglich zu erreichendes Ziel vorkommt. Mit anderen Worten: Ehe wir damit beginnen, konkrete Strategien für die Umsetzung dieses Prinzips zu ergründen, müssen wir uns erst davon überzeugen, dass diese Vorgehensweise an einem modernen Arbeitsplatz überhaupt möglich ist.

Nachdem ich die Geschichte von Jonathan Frostick und der übergeordneten Zoom-Apokalypse, die sich darin widerspiegelte, zum ersten Mal gehört hatte, stellte ich fest, dass ich von dem zentralen Geheimnis dieser Ereignisse abgelenkt wurde: Wie kann es sein, dass so viele Wissensarbeiter am Ende eine Arbeitsbelastung haben, die nur knapp am Rande des Mehraufwandkipppunktes ausbalanciert ist? Man könnte sich ja auch ein alternatives Szenario vorstellen, in dem die meisten Beschäftigten weit von diesem Rand entfernt sind und mühelos unerwartete neue Aufgaben annehmen können; oder umgekehrt ein Szenario, in dem die Arbeitenden ständig so wie Frostick über den Kipppunkt hinaus in den Burn-out geraten. Doch das ist nicht, was wir erleben. Die meisten Berufstätigen, die das Glück haben, eine gewisse

Kontrolle über ihren Arbeitseinsatz auszuüben – zum Beispiel Wissensarbeiter, Kleinunternehmer oder Freelancer –, vermeiden es eher, so viel Arbeit anzunehmen, dass sie zusammenbrechen und ausbrennen, aber sie vermeiden es auch, in einem vernünftigen Maße zu arbeiten. Sie existieren an diesem Punkt des maximal aushaltbaren Mehraufwands, der die schlimmste aller Konstellationen zu repräsentieren scheint, weil er den Leidensdruck von zu viel Arbeit aufrechterhält, ihn aber gerade handhabbar genug gemacht, um eine Veränderung zu vermeiden.

In einem Großteil der Diskussionen über dieses Thema, die ich mitverfolgt habe, werden Vorstellungen aus der traditionellen Konflikttheorie übernommen, wonach wir zur Arbeitsüberlastung gedrängt werden, weil ein ausbeuterisches Subjekt, beispielsweise ein Vorgesetzter oder ein Firmeninhaber, den größtmöglichen Wert aus unserer Arbeit herauspressen will. Diese Systeme wurden allerdings ursprünglich im Kontext der strikt kontrollierten industriellen Produktion entwickelt und später auf den nach Stundenlohn vergüteten Dienstleistungssektor erweitert. Sie lassen sich bestenfalls unter Schwierigkeiten auf die Semiautonomie und Mehrdeutigkeit der Wissensarbeit anwenden. Wenn Sie Ihren Lebensunterhalt verdienen, indem Sie sich an einem Bildschirm abrackern, erhalten Sie Ihre Anweisungen nicht unbedingt von einem Vorgesetzten mit einer Stoppuhr in der Hand, der um jeden Preis ein Produktionsziel erfüllen will, sondern die Aufgaben werden eher willkürlich in Ihre Richtung geworfen, aus allen Richtungen – von Kollegen, der Personalabteilung, Kunden. Wie wir gerade festgestellt haben, unterscheidet sich die Dynamik der kognitiven Arbeit zudem von derjenigen der körperlichen Arbeit. In einer Fabrik mag es unmittelbar gewinnsteigernd sein, die Beschäftigten zu längeren Arbeitszeiten zu drängen. In der Wissensarbeit dagegen kann es sowohl die Quantität als auch die Qualität der Leistungen mindern, wenn den Beschäftigten mehr Belastungen auferlegt werden. Würde unser Arbeitspensum gänzlich von mächtigen Chefs bestimmt, die auf Profitmaximierung aus sind, so könnten wir, auch wenn das zunächst paradox klingen mag, eher von einer *geringeren* Belastung ausgehen.

Erst die Akzeptanz dieser grundlegend unkontrollierten Beschaffenheit der Wissensarbeit führt zu einer Lösung unseres Rätsels: Selbststeuerung.

Wie entscheiden Wissensarbeiter, wann sie Nein sagen müssen zum ständigen Bombardement mit Anforderungen? Im Kontext der modernen Büroumgebung verlassen sie sich tendenziell auf Stress als Standardheuristik der Mäßigung. Wenn Sie die Einladung zu einem Zoom-Meeting ablehnen, geht das zulasten Ihres sozialen Kapitals, denn Sie fügen einem Kollegen einen geringfügigen Schaden zu und signalisieren potenziell, dass Sie unkooperativ oder ein Faulenzer sind. Wenn Sie sich jedoch hinreichend gestresst von Ihrer Arbeitsbelastung fühlen, mögen diese Kosten akzeptabel sein: Sie sind sicher, dass Sie kurz vor der totalen Überlastung stehen, und das verschafft Ihnen die psychologische Rechtfertigung, das Zoom-Meeting abzusagen. Sie müssen genügend persönlichen Leidensdruck empfinden, um den Leidensdruck zu rechtfertigen, den Ihr Nein bei Ihrem Gegenüber auslösen könnte.

Das Problem bei der Anwendung dieser Stressheuristik ist natürlich, dass Sie erst dann anfangen, neu hinzukommende Aufgaben abzulehnen, wenn Sie bereits am Rande einer unerträglichen Belastung entlangkrauchen. Dadurch bleiben Sie ständig in diesem erschöpfenden Grenzbereich, der dem Kipppunkt der Mehrbelastung unmittelbar vorausgeht. Und deshalb fühlen sich so viele Wissensarbeiter die ganze Zeit vage überfordert, deshalb sind wir so anfällig für den Zusammenbruch und den totalen Burn-out, wenn eine unerwartete Umwälzung eintritt: Unser informeller Umgang mit der Arbeitsbelastung sorgt dafür, dass wir immer in gefährlichem Maße zu viel zu tun haben.

Diese Erkenntnis ist eine gute Nachricht für unser Vorhaben, das erste Prinzip der Slow Productivity umzusetzen. Wenn die Quelle unserer Überforderung in gewissem Maße ein Nebeneffekt des idiosynkratischen Umgangs mit unseren Pflichten ist, können wir darauf hoffen, dass bessere Optionen möglich sind. Genau genommen stieß ich bei meiner für dieses Buch durchgeführten Leserbefragung auf zahlreiche Beispiele von Wissensarbeitern in ganz gewöhnlichen, viel beschäftigten Wissensarbeiterjobs, die nicht nur erkannt hatten, dass es möglich ist, in ihrem Berufsleben weniger zu tun, sondern dass sie dadurch auch wie vorhergesagt zugleich glücklicher und besser in ihrer Arbeit wurden.

Laura, die als Coach tätig ist, berichtete zum Beispiel, dass sie ihr Verfahren vereinfacht habe, indem sie ihr Angebot auf ein paar zentrale Dienstleistungen reduzierte. »Seit ich das getan habe«, erzählte sie mir, »ist mein Geist ruhiger, die Intensität meiner Interaktionen ist stärker, und meine Arbeitsqualität ist höher.« Infolge dieser verbesserten Arbeit verdient sie jetzt mit weniger Arbeitsstunden dasselbe Geld. Ironischerweise war das Ziel der Arbeitsreduktion, wie Laura zugibt, ursprünglich ein besseres Gleichgewicht mit anderen Bereichen ihres Lebens. Dass sie am Ende genauso viel verdiente wie vorher, war eine freudige Überraschung.

Der Juraprofessor Jason erzählte mir eine ähnliche Geschichte über eine hilfreiche Entscheidung, um »seinen Fokus zu verengen«. Ein Jahr zuvor hatte er seinen »üblichen rasenden Rhythmus« im Verfassen von Artikeln ausgesetzt, um sich intensiv auf einen einzelnen, wichtigen Fall zu konzentrieren, für den er als Fachgutachter eingesetzt war. »Die Fokussiertheit und Aufmerksamkeit, die ich meinen Berichten gewidmet habe, und die notwendige Vorbereitung, um gegnerischen Versuchen der Amtsenthebung sowie Kreuzverhören entgegenzuwirken, haben mir dabei geholfen, die bisher beste Arbeit meines Berufslebens zu leisten«, sagte er. »Ich habe einige vorbereitende akademische Präsentationen darüber gehalten, und noch nie habe ich eine so engagierte und beeindruckte Reaktion auf meine Arbeit erhalten.« Mit anderen Worten, Jasons Karriere hat einen Sprung nach vorn gemacht aufgrund seiner Entscheidung, sich beim Erweitern seiner Aufgabenliste zurückzuhalten.

Die Lehrerin Aurelia hatte genug von der Überlastung, die in der Oberstufe geradezu endemisch ist, und stellte sich selbst eine klare Regel auf: »Ich übernehme keine Arbeit mehr, die nicht bezahlt und im Rahmen meiner Tätigkeit nicht eindeutig von mir erwartet wird.« Es passierte nichts Schlimmes als Folge dieser selbst gezogenen Grenze. Wie sich zeigt, war eine Menge von dem »Unsinn«, der ihre Zeit beanspruchte, schließlich doch gar nicht so dringend. Ein anonymer Senior Consultant erzählte mir, wie seine Karriere eine Wendung nahm, als sein Unternehmen eine Regel erließ, nach der den Consultants ein Kontingent an nicht abrechenbaren Stunden eingeräumt wurde, die sie ganz nach eigenem Ermessen nutzen konnten. »Das hat mein Leben verändert«, sagte er. »Ich konnte lernen und mich mit neuen Bereichen beschäftigen … das hat mich meinem Beruf wieder nähergebracht … es hat mich daran erinnert, warum ich das alles überhaupt so gern mache.«

Der leitende Bautechniker Nick verließ einen zehrenden Job mit sechzig Wochenarbeitsstunden zugunsten einer Dreißigstundenstelle mit wesentlich klarer definierten Erwartungen, die ihm eine besser zu bewältigende Arbeitsbelastung bot. »Ich stelle fest, dass ich fast genauso viel leisten kann wie zuvor, und das mit nur 50 Prozent der Arbeitszeit, weil mein Fokus einfach enger ist«, berichtete er deutlich überrascht.

Wir haben also festgestellt, dass Überbelastung nicht grundlegend zum Wesen der Wissensarbeit gehört. Vielmehr handelt es sich dabei weitgehend um einen Nebeneffekt der unausgegorenen Art und Weise, wie wir unser Arbeitspensum organisieren. Darüber hinaus haben wir festgestellt, dass ein Sich-Abmühen auf maximaler Leistungsstufe die Geschwindigkeit, mit der wir Nützliches leisten, enorm verringert, denn es verstopft unseren Terminkalender mit administrativem Kleinkram und zerschlägt unsere Aufmerksamkeit zu Fragmenten, die zu klein sind, um das originäre Denken zu fördern. Was für Jane Austen im 18. Jahrhundert galt, gilt ebenso für alle, die im 21. Jahrhundert vor Bildschirmen sitzen: Weniger zu tun, ist der Schlüssel zu guter Arbeit.

Diese Erkenntnis ist für sich genommen jedoch nicht ausreichend, um einen Wandel in Ihrem beruflichen Leben zu befördern. Der Wissenssektor wird nach wie vor von den Anforderungen der Pseudoproduktivität definiert. Für Nichteingeweihte mag Ihr Vorhaben, weniger zu tun, wie Faulheit oder mangelhafte Arbeitsmoral aussehen. Es ist also ein behutsameres und strategischeres Vorgehen nötig, um erfolgreich zu einer Freiheit nach Chawton-Cottage-Art zu wechseln in einer Arbeitswelt, die unter Meetinganfragen und Chatnachrichten begraben ist. Diesen konkreteren Ideen wollen wir nun unsere Aufmerksamkeit zuwenden.

Vorschlag: Das Große begrenzen

Wenn man nach Inspiration dafür sucht, wie sich das erste Prinzip der Slow Productivity – weniger zu tun – umsetzen lässt, ist es sinnvoll, mit einem berühmten Beispiel beruflicher Vereinfachung anzufangen: der Beschäftigung des Mathematikers Andrew Wiles mit Fermats letztem Satz (auch: Fermats Großer Satz), einem trügerisch einfachen Problem der Zahlentheorie, das im 17. Jahrhundert erstmals vom französischen Universalgelehrten Pierre de Fermat beschrieben wurde und sich jahrhundertelang jeder Lösung verweigerte.* Wie der Wissenschaftsautor Simon Singh in seinem eindrucksvoll recherchierten Buch *Fermats letzter Satz* ausführt, begann die letztliche Auflösung dieses Lehrsatzes auf dramatische Weise. Das Schauspiel nimmt seinen Anfang in einer Bibliothek in den 1960er-Jahren. Der zehnjährige Andrew Wiles stößt auf ein Buch, das ihn mit dem Satz bekannt macht. Er ist fasziniert. »Dies war ein Problem, das ich, ein Zehnjähriger, verstehen konnte«, erzählte er Singh. »Und von dem Moment an wusste ich, dass ich es nie wieder loslassen durfte. Ich musste es lösen.«[52]

Zeitsprung ins Jahr 1986. Wiles ist jetzt Professor für Mathematik an der Princeton University, wo er sich als einer der stärksten Zahlentheoretiker seiner Generation etabliert hat und bekannt ist für einen ersten Durchbruch bei der Berechnung elliptischer Kurven. An dieser Stelle wird das Narrativ durch einen Deus ex Machina vorangebracht. Wiles erfährt, dass ein Zahlentheoriekollege namens Ken Ribet eine Verbindung hergestellt hat zwischen Fermats Rätsel und einer obskuren, überaus technischen Behauptung, die als Taniyama-Shimura-Hypothese bekannt ist: Die Auflösung dieser Hypothese, so hat Ribet gezeigt, würde beweisen, dass auch Fermats letzter Satz stimmt.

Das haut Wiles regelrecht um. Wie sich herausstellt, bezieht sich die Taniyama-Shimura-Hypothese stark auf die Theorie elliptischer Kurven. Ganz plötzlich wird Wiles, der als Zehnjähriger erklärt hat, er würde eines Tages Fermats letzten Satz beweisen, zu einer der höchst qualifizierten Personen der Welt, genau dies zu tun. »Ich war wie elektrisiert. In diesem Augenblick wusste ich, dass mein Leben eine neue Wendung nehmen würde«, sagte er. »Es bedeutete, dass mein Kindheitstraum jetzt ein respektabler Arbeitsinhalt war. Ich wusste einfach, dass ich diese Gelegenheit keinesfalls versäumen durfte.«[53]

---

* Falls Sie sich näher dafür interessieren, hier eine von vielen äquivalenten Aussagen von Fermats letztem Satz: Für jeden Wert von n, der größer ist als 2, gibt es keine drei ganzen Zahlen a, b und c, die der folgenden Gleichung entsprechen: an + bn = cn.

Was Andrew Wiles so relevant für die Slow Productivity macht, ist seine Reaktion auf die schicksalhafte Entscheidung, all seine Energie auf dieses eine Vorhaben zu fokussieren. Wie Singh berichtet, begann der junge Mathematiker augenblicklich damit, seine Verpflichtungen zu reduzieren:

> Wiles legte alle Tätigkeiten nieder, die nicht unmittelbar relevant für den Beweis von Fermats letztem Satz waren, und nahm nicht mehr an dem endlosen Reigen von Konferenzen und Besprechungen teil. Da er nach wie vor Verpflichtungen an der mathematischen Fakultät von Princeton hatte, nahm Wiles weiterhin an Seminaren teil, hielt Vorlesungen und leitete Tutorien. Wann immer möglich, ging er den Ablenkungen aus dem Weg, denen er als Fakultätsmitglied ausgesetzt war, indem er zu Hause arbeitete, wo er sich in sein Arbeitszimmer im Dachgeschoss zurückziehen konnte.[54]

Es blieb natürlich das Problem der Veröffentlichungen. Von einem Professor in Princeton wurde erwartet, dass er wissenschaftliche Arbeiten verfasste. Um unerwünschte Aufmerksamkeit zu vermeiden, ersann Wiles etwas, das Singh als »cleveren Trick« bezeichnet. Während eines Großteils der frühen 1980er-Jahre hatte Wiles im Hintergrund an einer »großen Arbeit« zur Erforschung der Theorie elliptischer Kurven gearbeitet, die er für die Veröffentlichung als großes, bahnbrechendes Manuskript vorgesehen hatte. Jetzt wechselte er den Kurs. Um sich Zeit für die Arbeit an Fermats Satz zu verschaffen, entschied er sich, dieses beinahe vollständige Werk in kleinere Teile aufzuspalten, sodass er etwa alle sechs Monate einen kleineren Aufsatz veröffentlichen konnte. »Diese scheinbare Produktivität sollte seine Kollegen davon überzeugen, dass er seine üblichen Forschungen immer noch fortsetzte«, erklärt Singh.[55]

Mit der ernsthaften Arbeit an Fermats letztem Satz begann Wiles 1986. Fünf Jahre lang schuftete er im Geheimen, oft in seinem Dachgeschossbüro, und mied systematisch größere Projekte und Verpflichtungen. Anfang der 1990er-Jahre, als er einer Lösung näher kam, nahm er erneut an einigen Tagungen zu elliptischen Kurven teil, um seinen mathematischen Werkzeugkasten mit neuen Techniken zu bereichern. Dann erhielt er eine Stelle als Gastforschungsprofessor in Oxford, was sein Bemühen um Konzentration erleichterte. (Solche Vereinbarungen sehen nur wenige Pflichten vor, die über das intensive Nachdenken über komplizierte Probleme hinausgehen.) Im Jahr 1993 schließlich, acht Jahre nach dem Beginn seines Vorhabens, präsentierte Wiles seinen vollständigen Beweis der Taniyama-Shimura-Hypothese bei einer Vorlesungsreihe am Isaac-Newton-Institut in Cambridge. Bei seiner letzten Vorlesung waren die hinteren Bereiche des Saals mit Pressevertretern gefüllt, die von Seminarteilnehmern darüber informiert worden waren, was hier bevorstand. Als er zum Ende seines Beweises gelangt war, sagte Wiles: »Ich glaube, ich höre hier auf.« Dann begann das Blitzlichtgewitter.

Da ich davon ausgehe, dass Sie kein Mathematikprofessor sind, haben die konkreten Maßnahmen, die Andrew Wiles ergriff, um seine Arbeitsbelastung zu reduzieren, wahrscheinlich keine allzu große Relevanz. Hilfreich für unsere Diskussion ist jedoch seine grundsätzliche Vorgehensweise. Um sich auf die Konzentration auf ein einziges großes und wichtiges Projekt vorzubereiten, schränkte Wiles größere Vorhaben und Verpflichtungen ein, die um seine Zeit wetteiferten. Insbesondere ging er bei dieser Einschränkung systematisch vor. Er beschloss nicht einfach, nach Möglichkeit irgendwie weniger anzunehmen; stattdessen griff er zu konkreten Regeln (zum Beispiel keine Konferenzen), Gewohnheiten (zum Beispiel so viel wie möglich zu Hause arbeiten) und sogar Tricks (zum Beispiel seine bereits abgeschlossene Forschungsarbeit häppchenweise zu veröffentlichen) – alles um die Anzahl der großen Faktoren zu minimieren, die seine Aufmerksamkeit verlangten.

Dieser erste Vorschlag regt an, dass Sie Andrew Wiles' Beispiel folgen und einen systematischen Plan zur Beschränkung maßgeblicher Verpflichtungen in Ihrem beruflichen Leben aufstellen. Es gibt viele Wege, um dieses Ziel zu erreichen. In den folgenden Strategien skizziere ich ein bestimmtes Vorgehen, das ich besonders hilfreich finde: die Anwendung von Begrenzungen auf unterschiedliche Arbeitsbereiche gleichzeitig, von Ihren übergeordneten Missionen über Ihre fortlaufenden Projekte bis hin zu Ihren täglichen Zielsetzungen.

Bewusste Einschränkungen in allen drei Bereichen haben größere Erfolgsaussichten als die Konzentration auf nur einen der Bereiche allein. Wenn Sie beispielsweise mehrere große berufliche Missionen haben, werden Sie sich damit schwertun, die damit einhergehenden fortlaufenden Projekte einzugrenzen. Und wenn Sie zu viele fortlaufende Projekte haben, wird es Ihnen auch schwerfallen, Ihren Terminkalender vor Überfüllung zu bewahren. Was daraus folgt, sind also drei Einschränkungsstrategien, eine für jeden dieser drei Bereiche.

MISSIONEN BEGRENZEN

Der Begriff Mission kann hochtrabend klingen. Für unsere Zwecke wollen wir ihn auf eine etwas pragmatischere Definition herunterbrechen: jede fortlaufende Zielsetzung oder Dienstleistung, die Ihr Berufsleben steuert. Andrew Wiles hatte eine Mission, Fermats letzten Satz zu lösen. Das Erhalten von Fördermitteln, der erfolgreiche Umgang mit Anforderungen der Personalabteilung, das Entwickeln neuer kreativer Aufträge und das Erstellen eleganter Computerprogramme sind ebenfalls Missionen. Sie sind das, was letztlich darüber entscheidet, worauf Sie in Ihrem Beruf Ihre Aufmerksamkeit richten. Nur allzu leicht weitet sich diese Zusammenstellung von Missionen aus, denn eine große neue Zielsetzung kann für den Moment aufregend sein. Doch einmal angenommen, erfordern Missionen Mühe. Wenn Ihr Berufsleben kopflastig ist, stehen Sie unweigerlich einer drückenden Arbeitslast gegenüber. Jeder Versuch, mit unserem ersten Prinzip der Slow Productivity Erfolg zu erzielen, muss daher mit der Verringerung Ihrer Hauptzielsetzungen einhergehen.

Es ist schwierig, die optimale Anzahl an Missionen zu bestimmen, aber ganz allgemein ist weniger besser als mehr. Es gibt die romantische Vorstellung, sich auf ein einziges Vorhaben zu konzentrieren, doch dieses Maß an Einfachheit ist im Allgemeinen nur den tatsächlich rein kreativen Tätigkeiten vorbehalten – Hemingway in Key West, wie er auf seiner Corona-Schreibmaschine seine morgendlichen Seiten tippt. Zwei oder drei Missionen sind eher umsetz- und handhabbar und trotzdem noch recht minimalistisch. Als ich beispielsweise mit dem Hauptfach Computerwissenschaften und einem Buchvertrag mit Random House in der Tasche mein Studium abschloss, entschied ich mich, meine Arbeit intensiv auf nur diese beiden Missionen zu fokussieren: akademische Forschung und Schreiben. Das ging so lange gut, bis ich als Hochschuldozent eingestellt wurde und eine dritte Mission hinzufügen musste, die den notwendigen nicht wissenschaftlichen Aspekten des akademischen Lebens gewidmet war, darunter die Seminarvorbereitung und die Betreuung von Studierenden. Drei Missionen fühlen sich immer noch vereinbar mit Slow Productivity an, besonders wenn ich sie sorgfältig kontrolliere (im nächsten Vorschlag erfahren Sie dazu mehr), aber um ehrlich zu sein, trauere ich der Einfachheit von zweien hinterher und liebäugele mit der Vorstellung von einer einzigen.

Andersherum ist es schwierig, fünf oder mehr Missionen aufrechtzuerhalten, ohne das Gefühl zu haben, in unumgänglicher Arbeit zu versinken. Das mag sich nach einer Menge Ziele anhören, aber es ist leichter, als Sie sich vielleicht vorstellen, die Verpflichtungen im Laufe der Zeit immer weiter wachsen zu lassen. Meine Freundin Jenny Blake zum Beispiel schreibt in ihrem 2022 erschienen Buch *Free Time* darüber, wie ihr kleines Consulting- und Schulungsunternehmen immer größer wurde, bis sie eines Tages, erschöpft von den beruflichen Anforderungen, aufschaute und erkannte, dass sie über zehn verschiedene Einnahmequellen hatte, die sie als »Vermächtnis aus den Jahren des Experimentierens« beschrieb.[56] Keine noch so clevere Zeitmanagement- oder Verschlankungsstrategie kann mit der Arbeit mithalten, die für die Aufrechterhaltung von zehn Missionen erforderlich ist.

Nachdem Blake Fantasien von »im Lotto gewinnen oder alles verbrennen« zu entwickeln begann, erkannte sie, dass sie vereinfachen musste, wenn sie irgendeine Hoffnung auf ein nachhaltiges und sinnvolles Berufsleben haben wollte. Sie reduzierte ihre Ertragsquellen und verringerte ihren Mitarbeiterstab auf lediglich drei Teilzeitbeschäftigte. Jetzt arbeitet sie im Durchschnitt zwanzig Stunden wöchentlich und nimmt sich jedes Jahr zwei komplette Monate frei. Es ist natürlich wahrscheinlich, dass Blake mehr Geld verdienen würde, wenn sie mehr Missionen verfolgte. Aber wenn man eine Zwanzigstundenwoche genießt, macht man sich über solche Eventualitäten keine allzu großen Gedanken.

PROJEKTE BEGRENZEN

Missionen erfordern, dass Sie »Projekte« in Gang bringen – das ist meine Bezeichnung für jede arbeitsbezogene Initiative, die nicht in einer einzigen Sitzung abgeschlossen werden kann. Einige Projekte stellen Sie in einem Durchgang fertig, und dann sind sie abgeschlossen, zum Beispiel das Aktualisieren des Verkaufstextes auf einer Produktwebsite. Andere Projekte dauern fort, das heißt, sie verlaufen ohne einen klaren Endpunkt, beispielsweise die Beantwortung von Kundendienstanfragen. Projekte schaffen viele der konkreten Aufgaben, die im Laufe des Tages Ihre Zeit in Anspruch nehmen. Ihre Begrenzung ist demzufolge entscheidend, um Ihr gesamtes Arbeitsvolumen zu begrenzen.

Ein etwas grober Ansatz zur Erreichung dieses Ziels ist, sich den Ruf eines nicht ansprechbaren Exzentrikers zuzulegen, sodass Ihre Kollegen sich mit ihren Anfragen und Aufgaben schließlich an jemand anderen wenden. In meinem Buch *Konzentriert arbeiten* habe ich den Physiker und Nobelpreisträger Richard Feynman als kanonisches Beispiel für diese Vorgehensweise benannt. Ich gab darin den folgenden Auszug aus einem Interview von 1981 wieder, das der damalige Caltech-Professor Feynman für die BBC-Sendung *Horizon* gab:

> Um in der Physik wirklich gute Arbeit leisten zu können, benötigt man recht viel Zeit … Das erfordert eine Menge Konzentration … Wenn man sich in seinem Beruf um administrative Dinge kümmern muss, hat man diese Zeit nicht. Deshalb

> habe ich für mich selbst einen weiteren Mythos erfunden: dass ich nicht verantwortlich bin. Ich bin aktiv nicht verantwortlich. Ich sage jedem, dass ich nichts mache.[57]

Doch selbst jemanden, der so hingebungsvoll exzentrisch ist wie Feynman, stellt die Aufrechterhaltung dieser Fassade der Gesellschaftsfeindlichkeit vor eine Herausforderung. Ich habe in *Konzentriert arbeiten* beispielsweise nicht erwähnt, dass Feynmans Schutzschild der Unzuständigkeit fünf Jahre nach dem *Horizon*-Interview durchlöchert wurde, als sein ehemaliger Student William Graham, inzwischen geschäftsführender Direktor der NASA, Feynman anrief und ihn überredete, Mitglied der Präsidentenkommission für die Katastrophe des Spaceshuttles Challenger zu werden. Letztlich half Feynman dabei, die Ursache der Challenger-Explosion herauszufinden: Die Beschichtungen der Gummidichtungsringe verloren ihre Elastizität, wenn die Temperatur eine bestimmte Schwelle unterschritt. Feynmans berühmte Vorführung dieses Problems bei einer der im Fernsehen übertragenen Anhörungen der Kommission, für die er einen Dichtungsring in ein Glas mit Eiswasser fallen ließ, wurde Kult und verschaffte dem alternden Physiker eine neue Runde später Berühmtheit.

Bei allem Erfolg, der seine Teilnahme an dieser Kommission begleitete, lässt sich dennoch nicht leugnen, dass sie ein Scheitern von Feynmans ausgeklügelten Plänen darstellt, irrelevante Projekte in seinem Berufsleben zu vermeiden. »Unzuständigkeit erfordert beständige Wachsamkeit«, erklärte Feynman gegenüber der *LA Times* in einem Porträt von 1986. »Und ich habe versagt! Ich habe nicht genug aufgepasst, als diese Sache mit der Präsidentenkommission aufkam. Ich habe mein eigenes Prinzip verraten.«[58] Der Plan, einfach zu unangenehm zu sein, um belästigt zu werden, scheint nicht durchführbar. Man kann nur begrenzt oft ein unqualifiziertes Nein äußern, ohne entweder seinen Arbeitsplatz zu verlieren oder als unzuverlässiger Griesgram abqualifiziert zu werden.

Damit bleibt uns nur eine nuanciertere Option für die Begrenzung von Projekten: sich auf die bittere, aber unanfechtbare Realität Ihrer tatsächlich verfügbaren Zeit zu berufen. Wenn jemand Sie bittet, etwas zu tun, und Sie daraufhin irgendeinen vagen Eindruck des Beschäftigtseins vermitteln, um aus der Sache herauszukommen, werden Sie damit kaum dauerhaft Erfolg haben. »Wir haben alle viel zu tun«, wird man Ihnen antworten, »aber ich brauche hierbei wirklich Ihre Mitwirkung.« Wenn Sie dagegen den Ruf eines Menschen haben, der sich seine Zeit sehr gut einteilt, und Ihr Beschäftigtsein konkreter benennen können, haben Sie bessere Aussichten darauf, die neue Arbeit zu vermeiden. Wenn Sie sagen: »Ich kann mindestens für die nächsten drei Wochen keine wirklich relevanten Zeitfenster ausmachen, um an so etwas zu arbeiten, und bis dahin habe ich noch fünf weitere Projekte, die sich in meinem Terminkalender ballen«, fällt es dem Gegenüber schwer, Ihnen das Gegenteil zu beweisen, es sei denn, die Person ist bereit, Ihre Berechnungen infrage zu stellen, oder verlangt von Ihnen Überstunden, um den fraglichen Auftrag zu erledigen.

Um diese Glaubhaftigkeit zu erzielen, empfehle ich Ihnen, dass Sie beim Erwägen eines neuen Projekts zunächst schätzen, wie viel Zeit es erfordern wird, *und dann diese Zeit in Ihrem Kalender finden und eintragen.* Blocken Sie die Stunden, wie Sie es für ein Meeting tun würden. Wenn Sie in naher Zukunft nicht genügend Freiraum im Terminkalender finden, um die Arbeit mühelos erledigen zu können, dann haben Sie eben nicht genug Zeit dafür. Lehnen Sie das Projekt entweder ab, oder sagen Sie ein anderes ab, um Raum dafür zu schaffen. Die Stärke dieser Vorgehensweise ist, dass Sie mit der Realität Ihrer Zeit umgehen, nicht mit einem Bauchgefühl davon, wie beschäftigt Sie derzeit sind.

Sie müssen mit dieser Vorausplanung Ihrer Projekte nicht ewig weitermachen. Nachdem Sie diese Strategie eine Zeit lang verfolgt haben, entwickeln Sie einen Instinkt dafür, wie viele Verpflichtungen Sie ungefähr zu einem gegebenen Zeitpunkt eingehen können, ohne Ihre Zeit überzustrapazieren. Im späteren Verlauf genügt es, nur die Zahl Ihrer aktuellen Projekte nachzuverfolgen und neue Aufgaben abzulehnen, sobald Sie Ihre Grenze erreicht haben – wobei natürlich in ungewöhnlich stressigen Phasen Anpassungen vorgenommen werden.

Obwohl dieses Vorgehen Sie davor bewahren soll, mehr Arbeit anzunehmen, als zu erledigen Sie Zeit haben, kann das Ausfüllen jeder verfügbaren

Minute Ihres Arbeitstags mit Projekten nach wie vor zu einem Grad an Geschäftigkeit führen, der sich nicht mit Slow Productivity vereinbaren lässt, selbst wenn die Durchführung zu bewältigen ist. Das lässt sich lösen, indem Sie die Zeit einschränken, die Sie für Projektarbeit zur Verfügung stellen (denken Sie an Jenny Blakes Zwanzigstundenwoche), und auch durch das Einfügen von Puffern, um zu gewährleisten, dass Sie mehr als genug Zeit für die Erfüllung aller angenommenen Aufgaben haben, ohne in Stress oder Hektik zu geraten. Wir werden uns im nächsten Kapitel, das um das Prinzip des Arbeitens mit natürlicher Geschwindigkeit kreist, näher mit derartigen Ideen beschäftigen. Wichtig bei dieser Strategie ist fürs Erste, dass Sie Klarheit und Kontrolle über Ihren Terminkalender bewahren und ihn nutzen, um Ihre Arbeitsbelastung auf einem vernünftigen Level zu halten, unabhängig davon, wie Sie diesen Zustand definieren. Es existiert der Mythos, dass Neinsagen schwierig sei, ob zu jemand anderem oder zum eigenen Ehrgeiz. Fakt ist, dass Neinsagen gar nicht so schlimm ist, wenn Sie hinreichende Beweise dafür haben, dass es die einzig vernünftige Antwort ist.

TAGESZIELE BEGRENZEN

Wir sind nun bei der kleinsten Arbeitseinheit angelangt, die wir für unsere Begrenzungsstrategie betrachten wollen: den Projekten, mit denen Sie während des heutigen Tages voranzukommen beschließen. Meine Empfehlung dazu ist schlicht: Arbeiten Sie an höchstens einem Projekt pro Tag. Um das klarzustellen: Ich will damit nicht sagen, dass dieses einzelne tägliche Projekt Ihre *einzige* Arbeit an diesem Tag ist. Sie werden wahrscheinlich auch an Meetings teilnehmen müssen, E-Mails beantworten und administrativen Quatsch erledigen (mehr zu diesen kleineren Aufgaben im folgenden Vorschlag zum Eindämmen von Kleinkram). Wenn es jedoch um den Arbeitsaufwand für wichtige, große Vorhaben geht, bleiben Sie auf nur ein Ziel pro Tag fokussiert.

Ich habe dieses Prinzip der täglichen Projektgrenzen von meiner Doktormutter am MIT gelernt, einer äußerst produktiven Wissenschaftlerin, die die Erforschung der Theorie verteilter Algorithmen mitbegründet hat. Sie konnte oft gar nicht glauben, dass ich versuchte, zwischen verschiedenen akademischen Aufsätzen hin und her zu wechseln, oder mich am selben Tag sowohl der Arbeit an meinem Buch als auch der Beschäftigung mit Computerwissenschaften widmete. Sie zog es vor, sich jeweils nur in ein einziges Projekt zu vertiefen und sich so lange damit zu befassen, bis sie es vollkommen abschließen und sich dann dem nächsten zuwenden konnte. Ich war überzeugt, die *Langsamkeit* des Arbeitens an nur einer wichtigen Sache pro Tag würde mich ausbremsen. Erfüllt vom ungeduldigen Ehrgeiz der Jugend wollte ich in so vielen Dingen wie möglich gleichzeitig Fortschritte erzielen.

Ich lag natürlich falsch, und sie hatte recht. Es hat eine gut ausgewogene Stetigkeit, pro Tag nur an einem größeren Vorhaben zu arbeiten. Echter Fortschritt entsteht, während Ängstlichkeit bezwungen wird. Dieses Tempo mag einem im Moment langsam vorkommen, aber wenn man von einem übergeordneten Standpunkt aus die Ergebnisse betrachtet, die sich über viele Monate hinweg ansammeln, wird deutlich, wie beschränkt die Perspektive dieser Sorge ist. Als Student Mitte zwanzig war ich zu jung, um diese Tatsache zu schätzen, aber heute erkenne ich die darin liegende Weisheit ganz ohne Zweifel.

Vorschlag: Kleinkram eindämmen

Benjamin Franklin mag eine ungewöhnliche Wahl als Fallbeispiel in einem Buch über Slow Productivity sein, denn sein Arbeitsethos war bekanntermaßen zermürbend. In seiner Autobiografie sprach Franklin beispielsweise davon, dass er Aufmerksamkeit für seine schlecht laufende Druckerei in Philadelphia gewann, indem er öffentlich anzeigte, dass er längere Öffnungszeiten hatte als seine Mitbewerber, und häufig noch bis Mitternacht oder länger die Druckmaschinen bediente. »Dieser Fleiß, der für unsere Nachbarn sichtbar war, begann uns Ansehen und Glaubwürdigkeit zu verschaffen«, schrieb er.[59] Nachdem er sein Druckereikerngeschäft etabliert hatte, erweiterte Franklin seine geschäftlichen Aktivitäten durch die Herausgabe einer Zeitung, *The Pennsylvania Gazette*, der er teilweise auch dadurch zum

Wachstum verhalf, dass er eine undankbare und anstrengende Stelle als Postmeister von Philadelphia annahm, die ihm frühzeitigen Zugang zu neuen Themen verschaffte.

Drei Jahre nach Einführung der *Gazette* wandte Franklin sich dann Büchern zu und startete die Herausgabe seines *Poor Richard's Almanack*, der ebenfalls rasch Beliebtheit errang. Auf der Suche nach noch mehr Erträgen gründete Franklin zwei Franchise-Versionen seiner Druckerei an anderen Standorten: die erste in South Carolina und die zweite in New York City. Diese komplizierten Arrangements erforderten, dass Franklin jeweils einen Drucker für die Betriebsführung vor Ort einsetzte, während er im Gegenzug für einen Anteil am Gewinn Kapital und Fachkenntnisse bereitstellte. In dieser Zeit begann Franklin, eine tägliche Checkliste von Kardinaltugenden zu erstellen, die er zu beobachten wünschte.[60] Wenig überraschend war eine dieser Tugenden »Fleiß«, den Franklin in seiner Autobiografie als »keine Zeit verlieren« und »immer mit etwas Nützlichem beschäftigt« definierte. Man darf wohl annehmen, dass dieser spezielle Punkt seiner Liste fortwährend mit einem Häkchen versehen wurde.

Dieser Sichtweise von Franklin als dem Schutzheiligen der Emsigkeit fehlt jedoch eine nuancenreichere Geschichte. Es stimmt zwar, dass seine berufliche Laufbahn in einem Status der Überforderung begann, doch es blieb nicht dabei. Der Biograf H. W. Brands verweist darauf, dass Franklin mit Mitte dreißig langsam ausbrannte. »Ein Teil von Franklins Problem«, so schreibt er, »bestand darin, dass er sich zu verzetteln begann.«[61] An dieser Stelle nahm Franklin eine unerwartete und unerzählte Hinwendung zur Slow Productivity vor.

Franklins Entdeckung der Langsamkeit ist im Grunde eine Art glückliche Fügung. Sie nahm ihren Lauf, als Franklin beschloss, ein drittes Druckerei-Franchiseunternehmen zu eröffnen, diesmal auf den Karibischen Inseln und geführt von einem britischen Druckereihelfer namens David Hall. Bei seiner Ankunft in Philadelphia 1744 durchkreuzte Hall diese Pläne, da er an

Gelbsucht erkrankte, mutmaßlich infolge einer Hepatitisinfektion, die er sich auf der langen Reise von London quer über den Atlantik eingefangen hatte. Franklin traf die schicksalhafte Entscheidung, David Hall in seiner eigenen Druckerei in Philadelphia anzustellen, während er auf seine Genesung wartete. Er war so von Halls Kenntnissen beeindruckt, dass er den Karibikplan über Bord warf und stattdessen beschloss, seinen neuen Mitarbeiter dauerhaft vor Ort zu beschäftigen. Brands schildert es so:

> Hall wurde zu Franklins Vorarbeiter und regelte die Angelegenheiten des Betriebs mit einer Fertigkeit und Effizienz, an der nicht einmal der penible Franklin etwas auszusetzen fand. Das Druckgewerbe wurde immer profitabler für seinen Inhaber, und doch musste er ihm weniger Zeit widmen als je zuvor.[62]

Da Franklin nicht mehr mit all den administrativen Details belastet war, die zur Führung eines komplizierten Unternehmens erforderlich sind, wandte er seine Aufmerksamkeit zunehmend anspruchsvolleren und spannenderen Projekten zu. In den ersten vier Jahren nach Halls Ankunft machte Franklin seinen äußerst effizienten Holzofen bekannt, organisierte eine Bürgerwehr in Philadelphia und gründete die American Philosophical Society.

Im Jahr 1748 unternahm Franklin dann einen wichtigen Schritt, um diese neu entdeckte freie Zeit zu verstetigen, indem er David Hall vom Vorarbeiter zum gleichberechtigten Partner beförderte. Franklin übergab Hall alle Details zur Wahrnehmung seiner unternehmerischen Interessen und teilte den Gewinn mit ihm. Wie Brands bemerkt, verringerte dieser Schritt Franklins potenziellen Reichtum erheblich. Er gab nicht nur die Hälfte seines Jahresgewinns auf, sondern auch den weiteren Ausbau seines Unternehmens, der die Folge gewesen wäre, wenn der talentierte Geschäftsmann Franklin die Betriebsführung weiterhin selbst ausgeübt hätte, neue Pläne schmiedend und im Streben nach neuen Märkten.

Aber Franklin war glücklich, Geld gegen die Zeit eingetauscht zu haben, um weitere sinnvolle Projekte zu verfolgen. Tatsächlich durchzieht eine gewisse Freude über diese neu gefundene Freiheit Franklins Korrespondenz aus dieser Zeit. »Ich bringe meine Angelegenheiten in Ordnung und hoffe, bald schon ganz Herr meiner Zeit zu sein«, schrieb er einem Freund in London 1748, ehe er ins Detail ging:

> Ich bin auf gutem Wege, keine anderen Aufgaben zu haben als solche, die ich mir gern selbst erteilen werde, und das zu genießen, was ich als großes Glück betrachte, die Muße zu lesen, zu lernen, Experimente durchzuführen und mich ausführlich … über Belange zu unterhalten, die zum allgemeinen Wohle der Menschheit beitragen können, unbehelligt von den kleinen Sorgen und Ermattungen des Geschäftslebens.[63]

Franklins optimistische Vorhersage eines potenziellen Lebens ohne »Aufgaben« und »kleine Sorgen und Ermattungen des Geschäftslebens« erwies sich als zutreffend. Im Jahr 1748 begann er, sich obsessiv mit der Theorie hinter der Elektrizität zu beschäftigen, einem wenig erforschten Phänomen, dem Franklin ein Jahr zuvor während einer Vorführung in Boston erstmals begegnet war. Von seiner normalen administrativen Last befreit, machte Franklin augenblicklich Fortschritte auf diesem Gebiet. In der bemerkenswert kurzen Zeit von nur wenigen Jahren stellte er eine Theorie des positiven und negativen Stroms vor, erfand die Batterie und baute einen rudimentären Elektromotor.

Am folgenreichsten jedoch war seine Theorie des Blitzes als elektrisches Phänomen, die nicht nur eine klare naturalistische Erklärung für diese Himmelsschläge bot, sondern auch eine einfache Lösung für die so häufig von ihnen verursachten Schäden fand: den Blitzableiter. Als Franklins Theorie durch eine übereinstimmende Reihe von Experimenten bestätigt wurde – eines durchgeführt von einer Gruppe französischer Wissenschaftler, die während eines Gewitters einen Blitzableiter auf einem Turm installierten, und das andere Franklins berühmter Drachenflug –, katapultierte ihn das zu weltweiter Berühmtheit. Wenig später wurde Franklin, teils auch aufgrund seiner plötzlichen Prominenz, in die Pennsylvania Assembly gewählt, was ihn zum ersten Mal ernsthaft mit der Provinzpolitik konfrontierte.[64] Wir alle wissen, was dann geschah.

Was Benjamin Franklins koloniale Midlife-Crisis für ein modernes Publikum so bemerkenswert macht, ist seine allgemeine Überzeugung, dass die Eindämmung des Einflusses kleiner Details auf das Berufsleben den Raum für die Verfolgung höherer Ziele schafft. Franklin mag ein früher Verfechter dieser Idee gewesen sein, aber er war keineswegs der letzte. Nehmen wir beispielsweise den schottischen Kriminalautor Ian Rankin, wie er den Ansturm des Alltäglichen beschreibt, das ihn so oft vom Schreiben abhält: »Das Telefon klingelt, die Türklingel läutet, es müssen Einkäufe erledigt werden, oder eine dringende E-Mail wartet auf Antwort.« Solche zersplitterten Tage bezeichnet er als »Waten durch Talg«. Rankins Lösung – seine persönliche Version des Einstellens von David Hall – ist der Rückzug in ein einsames Haus an der schottischen Nordostküste im Ort Cromarty auf der Black Isle. Er führt aus:

> Wenn ich da oben im Norden bin, schreibe ich in einem Zimmer ganz oben im Haus. Bei Kälte heize ich den Holzofen an. Wenn die Sonne scheint, gehe ich oft spazieren und schreibe dann am späten Nachmittag oder Abend. Wenn ich in einer Sackgasse stecke, bringt mir ein Spaziergang oft die plötzliche Erleuchtung.[65]

Auch Edith Wharton ärgerte sich über das Eindringen von Kleinigkeiten in ihre größeren Bestrebungen. Während der neun Jahre, die sie im Mount wohnte, ihrem gewaltigen Anwesen in den Berkshires, bestand Wharton auf einem strengen Zeitplan, um ihre schriftstellerische Tätigkeit vor Ablenkungen durch ihre zahlreichen Besucher zu schützen. Vom Aufwachen bis mindestens elf Uhr vormittags saß sie in ihrem Bett und schrieb von Hand auf einem Schreibbrett, das sie auf ihren Knien balancierte. Einigen Berichten zufolge ließ sie die fertigen Seiten zu Boden fallen, wo sie später von einer Sekretärin aufgesammelt wurden, die sie dann abtippte. Gäste hatten sich bis zum Lunch selbst zu beschäftigen, denn Wharton durfte nicht gestört werden. »Die kleinste Unterbrechung im Tagesablauf bringt mich völlig aus dem Konzept«, schrieb sie 1905 in einem Brief.[66]

Es macht mir Spaß, solche Geschichten über die glamouröse Abwehr von Ablenkungen zu sammeln. Ich finde sie ambitioniert, auch wenn sie in ihren Einzelheiten oft lächerlich unerreichbar bleiben. Die Einstellung von David Hall, der Rückzug auf eine abgelegene schottische Insel oder das Übertragen von Pflichten aufs Personal, während man im Bett schreibt, ist für die meisten von uns kein leicht umzusetzender Vorschlag.* Doch die diesen Geschichten zugrunde liegende Motivation sollte nicht unterschätzt werden. Kleine Aufgaben in ausreichender Menge können zu Produktivitätstermiten werden und die gesamte Grundlage dessen aushöhlen, was Sie zu schaffen versuchen. Es lohnt sich, umfassende Maßnahmen zu ihrer Beherrschung zu treffen.

Mit diesem Ziel vor Augen stelle ich Ihnen auf den folgenden Seiten eine Auswahl stärker praxisorientierter Strategien vor, die Ihnen dabei helfen sollen, die Kontrolle über die kleinen Verpflichtungen Ihres Berufsalltags zurückzugewinnen. Aufgaben in den Griff zu bekommen, ist ein Thema, das ich schon früher behandelt habe. In meinem Buch *Konzentriert arbeiten* zum Beispiel gibt es ein Kapitel namens »Legen Sie seichte Tümpel trocken«, das diese Thematik aufgreift. Darin habe ich empfohlen, Ihren Arbeitstag durch das Blocken von Zeitfenstern besser zu organisieren – eine Strategie, deren Vorreiter Franklin war, wie sich herausgestellt hat –, um simplere Aufgaben

* Für einen ernüchternd kritischen Blick auf die besonderen Umstände und Privilegien, die für Benjamin Franklins Aufstieg erforderlich waren, empfehle ich *Book of Ages: The Life and Opinions of Jane Franklin* von Jill Lepore, das es 2013 ins Finale des National Book Awards schaffte. Lepore beschreibt, dass Benjamin Franklins Schwester Jane ähnlich intelligent und ehrgeizig war wie ihr berühmter Bruder, jedoch aufgrund der damaligen Anforderungen an Frauen ihres Ranges (Jane zog zwölf Kinder groß!) kein brauchbares Ventil für ihre Talente hatte.

besser von tiefergehenden Arbeiten abzugrenzen.[67] Ich schlug auch vor, besser strukturierte E-Mails zu schreiben, um ein unnötiges Hin und Her zu minimieren – ein Ziel, mit dem ich mich in meinem fünf Jahre später erschienenen Buch mit dem Titel *Eine Welt ohne E-Mail* noch viel eingehender beschäftigt habe. Im Kontext dieser beiden Bücher sind auch zahllose Artikel und Podcast-Gespräche veröffentlicht worden, in denen ich dieses Themengebiet ebenfalls behandele.

Die hier zusammengetragenen Strategien sind eine Art Greatest Hits, ausgewählt aus meinem jahrelangen Kampf gegen ablenkungsreiche Aufgabenlisten. Allen diesen Ratschlägen liegt die Vorstellung von *Eindämmung* zugrunde. Etliche der Ideen fokussieren sich auf die Eindämmung des administrativen Aufwands durch Aufgaben, die sich nicht vermeiden lassen. In vielen Fällen ist es nicht die tatsächliche Ausführung einer kleinen Aufgabe, die für Ablenkung sorgt, sondern vielmehr das kognitive Bemühen, daran zu denken, sich damit zu beschäftigen und schließlich im Terminkalender die Zeit dafür zu finden. Wenn man diese vorbereitenden Mühen vermeiden kann, dämmt das die Auswirkungen der Aufgabe selbst ein. Andere Ideen richten sich auf das Einschränken von Aufgaben, indem man sie erst gar nicht auf seinen Listen auftauchen lässt. In beiden Fällen ist das Ziel die Schadensbegrenzung.

Slow Productivity erfordert, dass Sie sich von den Beschränkungen des Kleinkrams befreien, damit Sie sich umfassender mit dem Großen beschäftigen können. Das ist ein chaotischer, detailorientierter Konflikt, der größtenteils auf dem Schlachtfeld überkommener Produktivitätstaktiken und -systeme ausgefochten wird. Doch es ist ein Kampf, der geführt werden muss, wenn Sie darauf hoffen, zum von Benjamin Franklin gepriesenen Herrn Ihrer eigenen Zeit zu werden. Also, legen wir los …

AUFGABEN AUF AUTOPILOT SCHALTEN

In meinen Zwanzigern, als meine Veröffentlichungen sich schwerpunktmäßig auf Ratschläge für Studierende konzentrierten, empfahl ich häufig eine Organisationsstrategie, die als *Autopilot-Planung* bezeichnet wird. Der

Gedanke dahinter war, regelmäßig wiederkehrende wöchentliche Aufgaben bestimmten Zeiten an bestimmten Tagen zuzuweisen, manchmal sogar bestimmten Orten. Vielleicht erledigen Sie Ihre Lektüre englischer Literatur immer nach Ihrem Zehn-Uhr-Seminar dienstags und donnerstags, und zwar am selben Tisch im selben Stockwerk derselben nahe gelegenen Bibliothek. Diese Strategie funktionierte, weil sie ein Gegengewicht bildete zu der verbreiteten Tendenz vieler Studenten, nur dann zu arbeiten, wenn es dringlich wurde. Nur selten denkt ein Drittsemester beispielsweise spontan: »Vielleicht sollte ich mal anfangen, an dieser Sache zu arbeiten, die in drei Tagen fällig ist.« Steht diese Aufgabe jedoch in seiner Autopilot-Planung für den heutigen Tag, dann macht er sich ohne große Überlegung einfach an die Arbeit. »Hat man erst einmal den Punkt erreicht, an dem die reguläre Arbeit mit einem Minimum an Nachdenken erledigt wird«, schrieb ich in einem meiner ersten Artikel über dieses Thema, »dann hat man diesen stressarmen Zustand erzielt, aus dem heraus man seine Aufmerksamkeit auf die größeren Dinge richten kann.«

Als meine Texte sich später von studentischen Fragestellungen wegbewegten, geriet die Autopilot-Planung in den Hintergrund, weil ich mich mehr auf bürospezifische Tools konzentrierte, zum Beispiel das Blocken von Zeitfenstern oder das Verfassen von E-Mails. Doch als kürzlich die administrativen Anforderungen meiner eigenen Tätigkeit immer größer wurden, begann ich, wieder mit dieser Strategie zu experimentieren. Wie sich zeigte, ist die Autopilot-Planung im Kontext der Wissensarbeit ein hilfreiches Mittel zur Eindämmung von Aufgaben. Statt jede Woche regelmäßige Zeiträume für Studienaufgaben festzulegen, können Sie auch Zeitfenster für bestimmte andere Formen regelmäßig wiederkehrender Tätigkeiten bestimmen. Ein Freelancer könnte beispielsweise montagmorgens Rechnungen verschicken, während eine Professorin sich den Freitag nach dem Mittagessen für die Bearbeitung von Stipendienanträgen freihält. Haben Sie sich erst einmal daran gewöhnt, eine bestimmte Art von Aufgaben zur immer gleichen Zeit am gleichen Tag auszuführen, sinkt der für ihre Umsetzung erforderliche Mehraufwand.

Eine maßgebliche Optimierung zur Unterstützung dieser aufgabenorientierten Version der Autopilot-Planung ist es, Rituale und Orte zu nutzen.

Wenn Sie eine regelmäßig wiederkehrende Aufgabenstellung mit einem bestimmten Ort verbinden können, vielleicht gekoppelt mit einem kleinen Ritual, das Ihnen beim Einstieg in die Arbeit hilft, erhöht das die Wahrscheinlichkeit, dass Sie bei der Erledigung dieser Tätigkeit in einen regelmäßigen Rhythmus verfallen. Um auf unser Beispiel der Professorin zurückzukommen: Vielleicht isst sie freitags immer in derselben Mensa zu Mittag, und anschließend spaziert sie durch die nahe gelegene Grünanlage des Campus (ein Ritual) zum selben Arbeitsplatz in derselben kleinen Bibliothek (Ort), wo sie sich hinsetzt und die Stipendienanträge durcharbeitet. Wenn sie fertig ist, kehrt sie vielleicht in die Mensa zurück, um sich einen Kaffee zu holen, den sie mit in ihr Büro nimmt (ein weiteres Ritual). Diese Kombination von Ritualen und Örtlichkeiten erhöht die Wahrscheinlichkeit, dass unsere hypothetische Professorin diese Anträge tatsächlich Woche für Woche durcharbeitet, ohne groß darüber nachdenken zu müssen.

Ich rate dazu, so viele Kategorien regelmäßiger Tätigkeiten wie möglich in eine zunehmend ausgefeilte Autopilot-Planung aufzunehmen: wann Sie Kundenanfragen bearbeiten; wann Sie bei den Dienstleistern nachhorchen, die Ihre Website aktualisieren; wann Sie Meetings vorbereiten; wann Sie E-Mails lesen oder die Projektmanagement-Websites auf den neuesten Stand bringen. Das Eindämmen von Aufgaben hat nichts damit zu tun, dem Kleinkram zu entkommen. Vielmehr geht es darum, diesen Aufwand so schmerzfrei wie möglich zu gestalten. Also diesen »stressarmen Zustand« zu erreichen, wie ich es damals formuliert habe.

SYNCHRONISATION

Im Herbst 2020 erschien im *New Yorker* mein ausführlicher Artikel »The Rise and Fall of Getting Things Done«.[68] Er begann mit der Geschichte von Merlin Mann, einem Webdesigner und freiberuflichen Projektmanager, der Anfang der 2000er-Jahre feststellte, dass er völlig mit Arbeit überlastet war. An diesem Punkt entdeckte er die Getting-Things-Done-Methode (GTD) von David Allen. Allens systematische Vorgehensweise für die Organisation einer langen Aufgabenliste war genau das, was Mann gebraucht hatte. Er rief einen Blog mit dem Titel *43 Folders* (»43 Ordner«) ins Leben – eine Referenz an die von Allen beschriebene »Tickler-File«-Technik –, um seiner wachsenden Begeisterung für das System Ausdruck zu verleihen.* »Glauben Sie mir, wenn Sie das Gefühl haben, dass das Wasser Ihres Lebens irgendwie ausgelaufen und auf den Boden geströmt ist«, schrieb Mann in einem der ersten Beiträge, »dann ist GTD womöglich genau das Trinkgefäß, das Sie brauchen, um die Dinge wieder ins Lot zu bringen.«

43 Folders wurde zu einem der beliebtesten Produktivitäts-Blogs des Internets und führte dazu, dass Mann seine Tätigkeit als Projektmanager aufgab, um sich ihm in Vollzeit zu widmen. Was seine Geschichte jedoch interessant macht, ist nicht nur sein Aufstieg, sondern auch sein darauffolgender Fall. Etwa drei Jahre nach dem Beginn von *43 Folders* war Mann zunehmend desillusioniert von den Versprechungen eines Wandels der Arbeit, die Systeme wie GTD machten. Diese Art von Produktivitäts-Hacks, so schrieb er, führten nicht dazu, dass er sich »kompetenter, stabiler und lebendiger« fühlte. Er verlagerte den Fokus von *43 Folders* von der reinen Produktivität auf das etwas nebulösere Ziel besserer kreativer Arbeit. Dann hörte er ganz auf zu bloggen.

Es gibt viele Erklärungen für Manns Enttäuschung über detaillierte Aufgabenmanagementsysteme wie GTD. Diejenige, die ich hier hervorheben möchte, ist vielleicht die grundlegendste: Sie funktionierten nicht. Um fair zu bleiben, sie waren nicht völlig wirkungslos. Wenn man Verpflichtungen aus dem Kopf bekommt und sie stattdessen in vertraute Systeme verlagert – die Grundlage von GTD –, ist man *natürlich* weniger sorgenvoll und besser organisiert. Als ich Mann interviewte, erzählte er mir zum Beispiel, dass er immer noch mit GTD-inspirierten Ideen arbeitet, um Haushaltstätigkeiten zu organisieren, und er betonte, dass er nicht mal das kleinste bisschen geis-

---

* Der Tickler File war eine beliebte analoge Organisationsstrategie, die durch David Allen Bekanntheit erlangte, aber nicht von ihm erfunden wurde. Dahinter steht die Idee, einen Ordner für jeden Tag des aktuellen Monats zu erstellen und einen Ordner für jeden der darauffolgenden Monate. Darin können Sie wichtige Dokumente an dem Tag des aktuellen Monats ablegen, an dem Sie sie benötigen, oder, falls Sie sie erst später brauchen, in dem Ordner des Monats, in dem Sie darauf zurückkommen werden. Für dieses System werden einunddreißig Tagesordner und zwölf weitere Monatsordner benötigt, das macht insgesamt dreiundvierzig Ordner.

tiger Energie auf den Gedanken verschwenden wolle, das Katzenklo müsse noch gereinigt werden.

Systeme wie GTD mochten zwar hilfreich sein, konnten jedoch das Problem beklemmender Überforderung nicht lösen, das Wissensarbeiter wie Mann in den letzten Jahrzehnten zu quälen begann. Der Knackpunkt liegt im Fokus von GTD auf einzelne Aufgaben. In Allens System werden Pflichten auf konkrete »nächste Aktionen« reduziert, die zu langen Listen hinzugefügt werden, unterteilt in verschiedene »Kontexte« der Arbeit. Der Anwender bezieht die Liste einfach auf den aktuellen Kontext und fängt an, sich durch die aufgeführten Aktionen zu mühen, eine nach der anderen.

Doch mit Beginn der 1990er-Jahre bestand ein Großteil der Aktivitäten, welche die Aufmerksamkeit von Wissensarbeitern wie Mann dominierten, nicht in der Erfüllung einzelner Aufgaben, sondern vielmehr in der Interaktion mit anderen *über* diese Aufgaben. Die Einführung von PCs, bald gefolgt von elektronischen Kommunikationsmitteln wie E-Mail, verwandelte die Zusammenarbeit im Büro in einen fortlaufenden willkürlichen Basar von asynchronen, hin und her ausgetauschten Nachrichten – ein Kollege bittet Sie, etwas zu erledigen, Sie antworten, um abzuklären, was er meint, dann schreiben Sie einer anderen Kollegin, um die notwendigen Informationen einzuholen, doch auf Basis ihrer Antwort stellen Sie fest, dass Sie die Aufgabe nicht vollständig verstanden haben, deshalb schicken Sie eine Nachricht an den Absender der ursprünglichen Anfrage und so weiter. Multiplizieren Sie diese willkürlich herausgepickten Interaktionen mit Dutzenden von parallelen offenen Kommunikationsschleifen, und bald verbringen Sie den größten Teil Ihrer Zeit damit, den Austausch zu organisieren, statt individuelle Aufgaben zu erfüllen. David Allens sorgsam geordnete Listen helfen keinem Projektmanager, der stündlich Dutzende E-Mails beantworten muss.

Aus der Slow-Productivity-Perspektive liegt in dieser ansonsten entmutigenden Erkenntnis auch eine gute Nachricht. Wenn ein Großteil Ihres wahrgenommenen Beschäftigtseins daher rührt, dass Sie *über Aufgaben reden*, statt sie tatsächlich auszuführen, sind Sie möglicherweise weniger überlastet, als Ihnen klar ist. Mit anderen Worten, wenn Sie den Fußabdruck dieser Konversationen verringern können, ragt der verbleibende Stapel an tatsächlichen, konkreten Aufgaben vielleicht nicht mehr ganz so weit in die Höhe.

Eine direkte Strategie zur Verringerung des Kollaborationsaufwands ist es, asynchrone Kommunikation durch Echtzeitgespräche zu ersetzen. Denken Sie an mein Beispiel weiter oben, in dem eine uneindeutige Anfrage von einem Kollegen zu einem endlosen Hin und Her von Nachrichten führte, an dem drei verschiedene Parteien beteiligt waren. Wären alle drei stattdessen gleichzeitig in einem Videocall oder im selben Raum, hätte die Angelegenheit innerhalb weniger Minuten wunderbar geklärt werden können. Solche Gespräche zu arrangieren, ist allerdings kompliziert. Es gibt ja einen Grund dafür, dass der Spruch *Dieses Meeting hätte eine E-Mail sein können* in den letzten Jahren als Arbeitsplatz-Meme in die Annalen eingegangen ist. Wenn jede Aufgabe ihr eigenes Meeting hervorbringt, tauschen Sie letztlich einen überfüllten Posteingang gegen einen überfüllten Terminkalender ein – ein Schicksal, das unbestreitbar genauso grässlich ist.

Die richtige Balance lässt sich in der Nutzung der Bürozeiten finden: regelmäßig eingeplante Termine für kurze Gespräche, die genutzt werden können, um viele verschiedene Themen anzusprechen. Reservieren Sie jeden Nachmittag die gleichen dreißig oder sechzig Minuten, und teilen Sie dieses Zeitfenster Ihren Kollegen und Kunden mit. Machen Sie deutlich, dass Sie in diesem Zeitraum jederzeit ansprechbar sind – Ihre Tür ist geöffnet, Zoom läuft, die Slack-Kanäle sind im Blick, das Telefon ist eingeschaltet –, um über alle relevanten Fragen oder Bitten zu reden. Wenn jemand Ihnen eine uneindeutige Nachricht schickt, lassen Sie daraus nicht das nächste langwierige Hin und Her folgen, sondern antworten Sie: »Helfe gerne! Kommen Sie während einer der nächsten Bürosprechstunden auf mich zu, damit wir die Details klären können.«

Diese Vorgehensweise kann auch auf Teams übertragen werden, und zwar in Form einer damit zusammenhängenden Strategie, die ich als Terminklärungs-Meetings bezeichne. Wie die Bürosprechstunden finden diese Meetings zur gleichen Zeit an den gleichen Tagen statt, jede Woche. Doch im Gegensatz zu den Bürosprechstunden nimmt das gesamte Team daran teil. Während dieses Treffens bespricht Ihr Team alle offenen Fragen, die der Zusammenarbeit oder der Klärung bedürfen. Die Gruppe geht die Themen eins nach dem anderen durch und stellt bei jedem fest, was genau getan werden muss, wer daran arbeitet und welche Informationen von den anderen benötigt werden. Solche Sitzungen lassen sich leicht organisieren, indem man ein gemeinsames Dokument mit zu besprechenden Themen führt. Die Teammitglieder können der Liste Punkte hinzufügen, die zwischen den Meetings neu hinzukommen. Eine dreißigminütige Terminklärungssitzung kann dem Team Stunden der Ablenkung ersparen, die das Überprüfen des Posteingangs und das Hin-und-her-Mailen mit sich bringen.

Es lässt sich nicht genug betonen, für wie viel Erleichterung diese beiden einfachen Abstimmungsmethoden sorgen. Wenn Sie die Arbeit von den Spontanunterhaltungen drum herum trennen, ist das, was übrig bleibt, gar nicht mehr so entmutigend viel. Merlin Mann stellte fest, dass selbst hochtechnisierte Aufgabenmanagementsysteme das Gefühl der Überforderung nicht eindämmen konnten, welches Büroarbeitende des 21. Jahrhunderts zunehmend belastet. Die Lösung liegt nicht in noch ausgefeilteren Aufgabensystemen, sondern stattdessen in der Rückkehr zu etwas Einfacherem und Menschlicherem: regelmäßigen Gesprächen.

ANDERE MEHR ARBEITEN LASSEN

In einem anderen Artikel für *The New Yorker* zum Thema Produktivität, diesmal von Anfang 2022, kritisierte ich den Mangel an Regeln oder Systemen für die Bestimmung und Zuteilung von Aufgaben in den meisten Wissensarbeitsumgebungen. Wir werfen einfach unser Postfach an, verschicken Einladungen zu Meetings, und dann geht's rund: Jeder schleudert jedem neue Anliegen und Anfragen entgegen.

Als ich diesen Artikel schrieb, sorgte ich mich, die Leute könnten sich so sehr an diese Kultur der spontanen Aufgabenzuteilung gewöhnt haben, dass es ihnen schwerfallen würde, Alternativen überhaupt für vorstellbar zu halten – deshalb beschloss ich, einen absichtlich übertriebenen Vorschlag in meinen Artikel einfließen zu lassen. Mein Ziel war, den Zorn der Leserinnen und Leser zu wecken, um bei ihnen eine abwehrende Reaktion auszulösen –

»Das funktioniert doch nie!«; beim Versuch, sich selbst von der Lächerlichkeit meines Vorschlags zu überzeugen, würden sie dann möglicherweise aber auch selbst den Status quo infrage stellen.

Ich schrieb Folgendes:

> Stellen Sie sich vor, jeder in Ihrem Team reserviert sich eine Stunde pro Tag für das Erledigen kleiner Aufgaben und das Beantworten kurzer Fragen. Stellen Sie sich weiter vor, dass jeder ein geteiltes Dokument postet, das ein Anmeldeformular für diesen täglichen Zeitblock mit einer begrenzten Anzahl von Einträgen enthält. Wenn Sie also zum Beispiel wollen, dass jemand aus Ihrem Team Ihnen seine möglichen Zeitfenster für einen bevorstehenden Kundenbesuch nennt, müssen Sie einen freien Slot finden, um dieses Anliegen eintragen zu können. Er sieht es dann dort und antwortet Ihnen während der Administrationsphase dieses Tages – was ihn von der Last befreit, all diese Verpflichtungen in einem einzigen überfordernden Stapel von unstrukturierter Dringlichkeit bewältigen zu müssen.[69]

Was dieses gedankliche Experiment so befriedigend macht, ist zum Teil, dass es die schmerzliche Asymmetrie verringert, die der Aufgabenzuteilung zu eigen ist. Statt zuzulassen, dass die Kollegen mühelos ihre Anliegen auf Sie abfeuern wie Handgranaten und es Ihnen überlassen, die von ihren produktivitätszerschmetternden Schrapnellen hervorgerufenen Schäden zu beheben, müssen sie jetzt selbst mehr Arbeit leisten, ehe sie über Ihre Aufmerksamkeit verfügen dürfen.

Ganz allgemein können sich Strategien, für die andere mehr arbeiten müssen, als sehr effektiv erweisen, um Aufgaben einzudämmen. Denken Sie zum Beispiel an eine akzeptablere Version meines Vorschlags aus dem *New Yorker*, die ich als umgekehrte Aufgabenliste bezeichne. Sie funktioniert folgendermaßen: Erstellen Sie eine öffentliche Aufgabenliste für jede der Hauptaufgabenkategorien, die bei Ihrer Arbeit anfallen. Sie können dafür ein geteiltes Dokument verwenden. (Wenn Sie schon weiter fortgeschritten sind, ist ein gemeinsames Trello-Board vielleicht sogar noch besser.) Bittet Sie nun jemand, irgendeine kleine Aufgabe zu übernehmen, dann lassen Sie ihn diese selbst in die entsprechende gemeinsame Aufgabenliste eintragen; zum Beispiel indem er sie in das geteilte Dokument einträgt oder auf dem gemeinsamen Trello-Board dafür eine neue Karte erstellt. Ganz wichtig: Machen Sie deutlich, dass in diesem Eintrag *alle* Informationen enthalten sein müssen, die Sie brauchen, um die Aufgabe zu erfüllen.

Umgekehrte Aufgabenlisten erfordern, dass die Leute mehr Zeit damit verbringen, genau zu spezifizieren, was sie von Ihnen benötigen, was wiederum die spätere Erfüllung ihres Anliegens erleichtert. Sie können solche öffentlichen Listen auch führen, um andere über den Status der Aufgaben, die Sie derzeit bearbeiten, auf dem Laufenden zu halten; das erspart ihnen, Sie mit E-Mails im Stile von »Wie weit bist du?« behelligen zu müssen. Darüber hinaus kommunizieren diese Listen unmissverständlich Ihre aktuelle Arbeitslast. Wenn ein Kollege mit einer überquellenden umgekehrten Aufgabenliste konfrontiert wird, überlegt er es sich vielleicht zweimal, Ihnen noch etwas Neues aufzutragen.

Eine weitere Strategie in dieser Richtung ist die Einführung von Prozessen, bei denen Ihre Kollegen oder Kunden mehr von der mit einer Aufgabe verknüpften Arbeit erledigen müssen. Stellen Sie sich vor, Sie sind Büroleiter und sollen ein Team bei einer Consultingfirma betreuen. Eine häufige Pflicht hierbei ist es, die Spesenabrechnungen Ihrer Teammitglieder zu genehmigen. Das Standardvorgehen für die Erfüllung dieser Aufgabe könnte so aussehen: Die Mitarbeiter müssen Ihnen zu genehmigende Formulare mailen, die Sie ausdrucken, abzeichnen, einscannen und dann zur weiteren Bearbeitung in die Gehaltsabrechnung schicken müssen.

Eine Alternative wäre es, einen maßgefertigten Prozess anzukündigen, der erfordert, dass Ihr Team (ein bisschen) mehr dieser Arbeit erledigt, ehe Sie ins Spiel kommen. Beispielsweise könnten Sie vor Ihrer Bürotür zwei Postfächer aufstellen: eins für neue Formulare und eins für abgezeichnete Formulare. Ein Teammitglied, das einen Erstattungsantrag genehmigt bekommen möchte, muss diesen ausdrucken und in das erste Fach vor Ihrem Büro legen. Jeden Donnerstagmorgen bearbeiten Sie die Formulare im ersten Fach, zeichnen sie ab und legen sie dann in das zweite Fach. Es liegt nun in der Verantwortung der Betroffenen, wieder zu Ihrem Büro zu kommen, die abgezeichneten Formulare abzuholen, einzuscannen und zu verschicken, mit Ihnen in cc, damit Sie einen Beleg haben. Aus Sicht derjenigen, die ihre Anträge genehmigen lassen wollen, fügt dieser Prozess ihrem Leben ein kleines bisschen zusätzliche Arbeit hinzu, aber nicht so viel, dass es ihnen auffällt oder etwas ausmacht – denn jeder Einzelne reicht diese Anträge nur gelegentlich ein. Wenn überhaupt, sind sie möglicherweise froh, dass es eine so klare Verfahrensweise gibt. Sie als Büroleiter dagegen haben eine erhebliche Verringerung des Aufwands erzielt, den die Bearbeitung Dutzender solcher Anträge pro Monat mit sich bringt.

Solche Strategien für eine ausgewogenere Verteilung der Aufgabenbelastung können sich zunächst maßlos anfühlen. Vielleicht sind Sie sogar besorgt, dass die anderen sich von Ihrer Unverfrorenheit auf den Schlips getreten fühlen. Tatsache ist jedoch: Wenn Sie diplomatisch formulieren und ein ausreichendes Maß an Selbstironie verwenden, können Sie solche Systeme einführen, ohne allzu viel Unmut zu erregen. Am Ende freuen sich Ihre Kollegen womöglich sogar über die neue Struktur, denn sie schafft Klarheit darüber, wie oder wann die von ihnen erbetene Arbeit eigentlich erledigt wird.

Für gewöhnlich sind die Menschen oft zu sehr mit ihren eigenen Problemen beschäftigt, um sich darum zu kümmern, wie Sie die Ihren lösen. Erinnern Sie sich an diesen bewusst provokativen Vorschlag aus meinem Essay im *New Yorker*? Den, der bei meinen Lesern ungläubiges Kopfschütteln auslöste? Kein Einziger hat mir geschrieben, ich würde zu weit gehen. Vielleicht war er doch weniger radikal, als ich vermutet hatte.

AUFGABENSCHLEUDERN MEIDEN

Es ist ganz normal, sich auf das Bewältigen des Aufgabenstapels zu konzentrieren, der sich bereits vor Ihnen aufgetürmt hat. Ähnlich effektive Begrenzungsstrategien können jedoch auch an einem früheren Punkt Ihres

Workflows einsetzen, ehe die Arbeit überhaupt erst entsteht. Die folgende Strategie beispielsweise kann überraschend wirkungsvoll bei der Reduktion Ihrer Arbeitslast sein: Wenn Sie sich für neue Projekte entscheiden, beurteilen Sie Ihre Optionen anhand der Zahl der wöchentlichen Anliegen, Fragen oder kleinen Verpflichtungen, die das Projekt Ihrer Einschätzung nach mit sich bringen wird. Bevorzugen Sie Optionen, bei denen diese Zahl möglichst klein ausfällt. Die meisten Menschen fokussieren sich auf den Schwierigkeitsgrad eines Projekts oder den gesamten Zeitaufwand, den es erfordert. Doch wenn Sie erst einmal verstanden haben, welchen Schaden eine überfüllte To-do-Liste anrichtet, ist es sinnvoll, den Aufgabenfußabdruck eines Projekts ebenso ernst zu nehmen.

Um das zu konkretisieren, stellen Sie sich eine Vertriebsleiterin vor, die sich zwischen zwei Projekten zu entscheiden versucht: dem Schreiben eines ausführlichen Berichts darüber, wie sich eine neue Technologie auf den Markt auswirkt, oder der Organisation einer eintägigen Kundenkonferenz. Auf den ersten Blick wirkt die Konferenz wie eine reizvolle Entscheidung. Zum einen hat sie ein festgelegtes Datum, an dem sie stattfindet und nach dem sie erledigt ist, während der Bericht möglicherweise viele Arbeitswochen erfordert. Das Organisieren der Konferenz ist also einfacher in dem Sinne, dass es kein intensives Grübeln erfordert, während man für den Bericht mit komplizierte Informationen umgehen können und die Entwicklung zuverlässiger Vorhersagen beherrschen muss.

Und doch würde ich in diesem Szenario definitiv die Berichtsoption wählen, und zwar aus einem einfachen Grund: Sie wird weniger Arbeit verursachen. Für die Organisation der Konferenz ist eine endlose Absprache mit verschiedenen Kunden notwendig, es müssen Räume angemietet und fachkundige Redner verpflichtet werden, ganz zu schweigen von dem Aufwand für das Catering, die Beantwortung logistischer Fragen und so weiter. Es sind kurzfristig auftretende Probleme zu lösen, und es wird ein endloses Hin und Her von Nachrichten geben – und jede dieser Aufgaben fordert einen Anteil Ihrer geistigen Energie. Mit anderen Worten, die Kundenkonferenz ist eine *Aufgabenschleuder* – eine effiziente Produktionsmaschine von zahlreichen dringlichen kleinen Tätigkeiten.

Der Marktbericht dagegen stellt eine andere Form des Energieinvestments dar. Er verlangt regelmäßig lange Zeitabschnitte, in denen Sie Zahlen zusammentragen, sie verarbeiten und darüber nachdenken müssen, was das alles bedeutet. Das wird geistig anspruchsvoll sein und gelegentlich vielleicht langweilig. Doch es ruft sehr wenige dringliche kleine Aufgaben hervor und stellt daher nur geringe Ansprüche an Ihre Aufmerksamkeit außerhalb der Zeitabschnitte, die Sie bereits für die Arbeit daran reserviert haben. Den Bericht zu schreiben, ist vielleicht nicht leicht, doch die Entscheidung, ihn der Aufgabenschleuder in Gestalt einer chaotischen Eventorganisation vorzuziehen, sollte es sein.

GELD AUSGEBEN

Im letzten Kapitel habe ich im Rahmen unserer Diskussion über die Begrenzung von großen beruflichen Verpflichtungen meine Freundin Jenny Blake vorgestellt, die die Ertragsquellen Ihres Unternehmens von über zehn auf eine Handvoll verringert hat. Noch etwas anderes ist mir an Jenny aufgefallen, nämlich wie erkennbar stolz sie auf ihre professionellen Softwareabonnements war. Wie sie in ihrem Buch *Free Time* schreibt, war einer ihrer Schritte bei der Umgestaltung ihres Geschäfts in Richtung eines Slow-Productivity-Modells, dass sie mehr Geld für die Profiversionen hilfreicher Softwaredienstleistungen ausgab, statt, wie sie es nannte, »so viel wie nur irgend möglich aus den kostenlosen Versionen herauszuquetschen«.[70]

Jenny schickte mir eine Tabelle mit allen Software-Abonnements, die sie für ihr Unternehmen abgeschlossen hat, einschließlich der monatlichen Kosten. Ihre Begeisterung für die Professionalisierung dieser Tools war kein Witz gewesen. Die Tabelle enthält über fünfzig bezahlte Dienstleistungen, von Calendly und DocuSign bis zur Profiversion von Zoom, was rund 2400 Dollar monatlich an Abonnementgebühren verursacht. Es gibt jedoch einen guten Grund für diese Ausgabe: Diese professionellen Software-Dienstleistungen eliminieren oder vereinfachen administrative Tätigkeiten. Mit anderen Worten, Jenny investiert ernsthaft in eine merkliche Verkürzung ihrer Aufgabenliste.

Im Kontext der Slow Productivity sind Investitionen dieser Art äußerst sinnvoll. Je stärker Sie die kleinen Pflichten in den Griff bekommen können, die um Ihre Aufmerksamkeit wetteifern, desto nachhaltiger und effektiver können Sie an wichtigen Dingen arbeiten. Es gibt natürlich viele Optionen jenseits von Softwaredienstleistungen, wie Sie Ihr Geld für verringerte Aufgabenlisten ausgeben können. Ich kenne viele Entrepreneure, die einen maßgeblichen Anteil ihrer Zeit zurückerlangen, indem sie »Betriebsmanager« einstellen und ausbilden, die ihnen viele der täglichen Einzelheiten beim Führen ihres Geschäfts abnehmen. Ich könnte meinen Podcast zum Beispiel nicht vernünftig in meinen Terminkalender einbauen, wenn ich nicht einen Produzenten beschäftigen würde, der an den Aufnahmetagen in mein Studio kommt und sich um all die Kleinigkeiten kümmert, die mit der Veröffentlichung jeder wöchentlichen Folge zusammenhängen. Ich könnte diese ganze Arbeit auch selbst erledigen. Um genau zu sein, habe ich das auch getan, als die Sendung noch neu war. Aber ich habe aus Erfahrung gelernt, wie groß die Menge an nervtötendem Kleinkram ist, der damit einhergeht. Ich hätte die Sache vermutlich längst aufgegeben, wenn ich mich weiterhin selbst damit befassen müsste.

Die Beschäftigung professioneller Dienstleister ist eine weitere effektive Investition, um Ihre Aufgabenliste zu begrenzen. Um auf mein eigenes Beispiel zurückzukommen: Ich bezahle einen Steuerberater, der meine Buchhaltung organisiert, eine Agentur, die sich um die Werbung für meinen Podcast kümmert, einen Web Consultant, der dafür sorgt, dass all meine Onlineaktivitäten vorankommen, und einen Anwalt, der all die zahlreichen kleinen Fragen beantwortet, die im normalen Verlauf meiner schreibenden Tätigkeit auftauchen. Jeder erfolgreiche Entrepreneur in meinem Bekanntenkreis ist ähnlich davon angetan, Leute zu bezahlen, die wissen, was sie tun, damit er die ganze Arbeit nicht mit geringerer Qualität allein erledigen muss.

Kurzfristig betrachtet kostet das alles Geld. Wenn Ihre Firma neu ist oder Ihr Einkommen noch bescheiden, kann es bitter sein zu sehen, wie ein nicht unwesentlicher Anteil dieser Einkünfte gleich wieder hinausströmt. Doch auf lange Sicht kann dieses Abwälzen des Kleinen den geistigen Raum schaffen, der notwendig ist, um jene großen Durchbrüche zu erzielen und jene

Werte zu schaffen, die solche monatlichen Kosten im Verhältnis plötzlich geringfügig erscheinen lassen. Geben Sie nicht mehr aus, als Sie sich leisten können. Aber machen Sie sich klar, dass ein Anwender von Slow Productivity es sich nicht leisten kann, nichts auszugeben.

Intermezzo: Was ist mit überforderten Eltern?

Zu Anfang ihres 2014 erschienen Buches *Overwhelmed: How to Work, Love, and Play When No One Has the Time* fasst die Journalistin und zweifache Mutter Brigid Schulte ihre Erfahrungen als berufstätiger Elternteil zusammen:

> Ich habe bis zwei Uhr morgens Valentinstagsküchlein gebacken und war um vier Uhr mit dem Schreiben fertig, als alles still war und ich endlich ungestörte Zeit hatte, in der ich mich konzentrieren konnte. Ich habe Interviews gegeben, von denen ich hoffe, dass sie professionell klangen, während ich im Hausflur vor der Zahnarztpraxis meiner Kinder auf dem Boden saß … Irgendein Gerät ist immer kaputt. Meine To-do-Liste nimmt nie ein Ende. Ich muss noch einen Familienbudgetplan erstellen, was ich schon seit fast zwanzig Jahren vorhabe. Die Wäsche bildet einen so riesigen, ewig nicht zusammengelegten Haufen, dass meine Tochter darin eingetaucht und geschwommen ist.[71]

Das erste Prinzip der Slow Productivity gibt einen scheinbar professionellen Rat. An weniger Dingen zu arbeiten, kann paradoxerweise auf lange Sicht *mehr* Wert schaffen: Überlastung erzeugt ein unhaltbares Maß an nicht produktiven Nebenaufgaben. Doch für berufstätige Eltern wie Brigid Schulte kann die Aufforderung, weniger zu tun, auch auf persönlicherer Ebene Widerhall finden. Eine der tückischsten Nebenwirkungen der Pseudoproduktivität im Wissenssektor ist, wie Individuen gezwungen werden, Spannungen zwischen Arbeit und Privatleben ganz allein zu klären. Wenn Sie in einer Fabrik schuften und Ihr Arbeitgeber will, dass Sie Zwölfstundenschichten einlegen, wird diese Forderung klar in einem Arbeitsvertrag festgehalten, schwarz auf weiß, in einer Form, auf die man verweisen und über die man diskutieren kann. Ihre Gewerkschaft kann dagegen vorgehen. Es können konkrete Gegenvorschläge gemacht werden. Wenn nötig, kann vielleicht ein Gesetz verabschiedet werden, wie der Fair Labor Standards Act von 1938, der eine zusätzliche Bezahlung für alle Arbeit vorsieht, die über vierzig Stunden pro Woche hinausgeht.

Unter der Herrschaft der Pseudoproduktivität dagegen sind solche Forderungen eher implizit und selbstverstärkend. Sie werden danach beurteilt, wie viel Arbeit Sie insgesamt aus einem niemals endenden Zustrom von verfügbaren Aufgaben sichtbar bewältigen, aber niemand sagt Ihnen genau, wie viel genug ist – das bleibt Ihnen überlassen. *Viel Glück!* Diese Realität erfordert, dass Eltern – und insbesondere Mütter, die oft mehr dieser häuslichen Pflichten tragen als ihre Partner – für sich selbst den Wettstreit zwischen Beruf und Familie tagtäglich neu verhandeln. Dieser Prozess umfasst tausend einschneidende Entschlüsse und Kompromisse, von denen jeder einzelne jemanden zu enttäuschen scheint, bis Sie schließlich um vier Uhr morgens neben einem bedenklichen Wäscheberg sitzen und schreiben. In einer besonders herzzerreißenden (und bedrückend vertrauten) Anekdote aus *Overwhelmed* beklagt sich Schultes Tochter darüber, wie viel Zeit ihre Mutter am Computer verbringt. Sie erzählt Schulte, wenn sie groß sei, wolle sie Lehrerin werden, denn »dann kann ich wenigstens Zeit mit meinen Kindern verbringen«.[72]

Natürlich sind Eltern nicht die Einzigen, die unter den von der Pseudoproduktivität erzeugten Spannungen zwischen Beruf und Privatleben leiden. Wenn Sie sich um einen kranken Angehörigen kümmern oder selbst an einer Erkrankung leiden oder mit irgendeiner beliebigen Anzahl sonstiger Lebensumbrüche zu schaffen haben, erzeugt die Notwendigkeit, Ihren Wert durch sichtbare Aktivität unter Beweis zu stellen, ähnliche innere Nöte. Ein besonders weitverbreitetes Beispiel für diese Dynamik ergab sich durch die Pandemie: Sie war unter anderem auch deshalb ein so mächtiger Beschleuniger der aufkommenden Anti-Produktivitäts-Bewegung, weil die Logik der Pseudoproduktivität Wissensarbeiter sogar noch dann nötigte, ihr irrsinniges Theater der elektronischen Geschäftigkeit fortzusetzen, als Rom rings um sie in Flammen aufzugehen schien. Benötigt wurden Zeit und Raum für Anpassung und Trauer. Geboten wurden stattdessen aufgemotzte Zoom-Accounts und muntere E-Mail-Ermahnungen, »produktiv zu bleiben«. Es war zum Verrücktwerden.

In diesem Kapitel erhalten Sie konkrete Vorschläge, wie Sie Ihre Arbeitsbelastung reduzieren können. Diese Vorschläge voller spezifischer Strategien und Anregungen bestärken den wirtschaftlichen Pragmatismus, der den Auftakt unserer Besprechung dieses Prinzips bildete. Weniger zu tun, kann tatsächlich zu mehr führen. Ich fand es jedoch wichtig, die ansonsten vernünftige Diskussion kurz ruhen zu lassen, um die chaotischere und menschlichere Seite dieser Idee zu betrachten. Für viele geht die Erlösung, weniger zu tun, weit über das Berufliche hinaus. Es geht auch darum, einen Ausweg aus der psychologisch unhaltbaren Beziehung zur eigenen Arbeit zu finden. Überlastung ist nicht nur ineffizient; sie kann für viele auch nachgerade unmenschlich sein.

Alle, die sich in einer solchen Position befinden, sollte diese Tatsache motivieren, die in diesem Kapitel besprochenen Strategien tatkräftig zu befürworten. Projekte zu vermeiden, die eine exzessive Aufgabenlast mit sich bringen, oder Geld für die Auslagerung von Tätigkeiten auszugeben, ist nicht irgendein dubioser Trick, von dem Ihr Arbeitgeber oder Ihre Kunden hoffentlich nichts bemerken. Wenn Ihr Job wie so viele im Zeitalter der Pseudoproduktivität es Ihnen überlässt, wie Sie mit Ihrer eigenen Belastung klarkommen, dann haben Sie jedes Recht, dieser Herausforderung mit Vorsatz und Entschlossenheit entgegenzutreten. Dieses erste Prinzip der Slow Productivity dreht sich nicht nur um eine erfolgreichere Arbeitsorganisation, sondern gibt auch all jenen eine Antwort, die das Gefühl haben, dass ihre Arbeit alle anderen Facetten ihrer Existenz überwuchert.

Vorschlag: Pull statt Push

Während meiner ersten Semester als Doktorand am MIT kam ich auf meinem morgendlichen Fußweg von der U-Bahnstation Kendall zu meinem Büro an einer Baustelle vorbei, auf der ganz allmählich ein schnittiges Gebäude mit gläserner Front emporwuchs. Es war der neue Standort des Broad Institute, eines Joint Venture von MIT und Harvard, das vor Kurzem mit großem Tusch und einer Anschubfinanzierung von 100 Millionen Dollar der beiden Stifter Eli und Edythe Broad auf den Weg gebracht worden war. Ich wusste nur, dass das Institut innovative Arbeit im sich entwickelnden Bereich der Genomforschung leistete. Ich wusste auch, dass es als eine große Sache galt. Was ich allerdings erst später herausfand, war, dass viele der Beschäftigten am Broad Institute hinter all diesem blitzenden Glas Mühe hatten, ihre vielen Aufgaben zu bewältigen.

Laut einer Fallstudie mit dem Titel »Breaking Logjams in Knowledge Work« in der *MIT Sloan Management Review*[73] begann der ganze Ärger mit dem Ablauf der Gensequenzierung. Eine der wichtigsten Dienstleistungen von Broad war es, die von Wissenschaftlern aus aller Welt eingesandten Proben zu verarbeiten. Diese Proben durchliefen eine Reihe von Stationen, ähnlich wie bei einem Fließband, wo sie für die Analyse in den riesigen Sequenzierungsgeräten des Broad Institute vorbereitet wurden. Ergebnis all dieses chemischen Herumstocherns war ein Ausdruck des der Probe zugrunde liegenden genetischen Codes.

Wie die Autoren des Artikels ausführten, dauerte es nicht lang, bis dieses Fließband erste Aussetzer aufwies. Die Techniker, die jede Station des Prozesses betreuten, flüchteten sich in eine nachvollziehbare »Push«-Strategie, das heißt, sie verarbeiteten die eingehenden Proben so schnell wie möglich und beförderten sie weiter zur nächsten Station, sobald sie damit fertig waren. Doch nicht jede Etappe dauerte gleich lang. Bald gab es an den langsameren Stationen einen großen Rückstau von zu verarbeitenden Proben, und das führte zu Problemen. »Der [Rückstau] wurde immer größer und überschritt bei Weitem jedes Optimalmaß«, erklären die Autoren. »Wenn jemand eine bestimmte Probe brauchte, konnte es zwei Tage dauern, bis sie gefunden wurde. Mit der daraus folgenden Anstauung und Verwirrung umzugehen, nahm immer mehr von der Zeit des Leitungsteams in Anspruch.« Die Durchschnittszeit zwischen dem Eintreffen einer Probe und der Rücksendung ihrer Sequenzierung stieg auf einhundertundzwanzig Tage an. Frustrierte Wissenschaftler begannen, ihre Proben an andere Labore zu schicken.

Die Lösung, die das Broad Institute dafür fand, war nicht neu, sondern vielmehr die Anpassung einer in der Welt der industriellen Fertigung weitverbreiteten Vorgehensweise: die Umstellung des Genomsequenzierungsprozesses von »Push« auf »Pull«. Bei einem Push-Prozess schiebt jede Stufe die Arbeit, sobald sie fertig ist, weiter zur nächsten Station. Bei einem Pull-Prozess dagegen *holt* sich jede Stufe die neue Arbeit erst heran, wenn sie dafür bereit ist. Bei Broad wurde die Pull-Methode auf ganz simple Art eingeführt. Jede Station hatte ein Tablett für die fertigen Proben. Die nächste Stufe holte sich die neuen Proben von ebendiesem Tablett. Wenn das Ausgangstablett einer Station sich zu füllen begann, verlangsamten die Techniker, die es befüllten, ihre Arbeit. In einigen Fällen boten sie der nächsten Stufe sogar ihre Unterstützung an, damit sie aufholen konnte.

Der Wechsel zu einem Pull-Prozessablauf ließ erst gar keinen Rückstau auftreten: Die Durchlaufgeschwindigkeit passte sich derjenigen Stufe an, die am langsamsten vorankam. Diese Transparenz wiederum ließ die Beschäftigten diejenigen Stellen identifizieren, an denen das System aus dem Gleichgewicht war. »Ein ständig volles Abholtablett bedeutet, dass die fragliche Stufe entweder zu langsam Arbeit nachzieht oder zu schnell nach oben weiterreicht«, schreiben die Autoren. »Ein leeres Abholtablett am Ende des Tages bedeutet, dass mit dem Ablauf, der für Nachschub sorgt, etwas nicht in Ordnung ist.« Die durch diese Vorgehensweise erzielten Verbesserungen waren messbar. Die Nutzungsrate der teuren Sequenzierungsgeräte des Instituts stieg auf mehr als das Doppelte, während die Durchschnittszeit für die Verarbeitung jeder Probe um über 85 Prozent sank.

Beim Broad Institute war die Lösung für die Überlastung des Genomsequenzierungsprozesses die Umstellung von einem Push- auf ein Pull-Modell. Kann man dieselbe Lösung auch für die frustrierten Wissensarbeiter einsetzen, die von zu vielen E-Mails und Projektanfragen überlastet sind? Faszinierenderweise geben die Autoren ebenjenes Artikels in der *Management Review* auch eine Antwort auf diese naheliegende Anschlussfrage. Denn nachdem sie die Änderungen beim Sequenzierungsablauf erlebt hatten, beschloss die Technologieentwicklungsgruppe bei Broad – ein Team von IT-Experten mit der Aufgabe, neuartige digitale Tools zur Unterstützung der Wissenschaftler zu entwickeln –, ebenfalls mit einem Pull-Workflow zu experimentieren.

Genau wie die mit der Sequenzierung Beschäftigten litt auch die Technologieentwicklungsgruppe unter Rückstaus. »Die Gruppe hatte viel mehr Ideen für die technologische Entwicklung, als sie eingehender erforschen konnte, und viel mehr Projekte, als ihr überlastetes Durchführungsteam jemals einführen konnte«, erklären die Autoren. Jeder Ingenieur konnte jederzeit eine neue Idee ins Spiel bringen, und weil die Ingenieure klug waren, hatten sie viele Ideen. Bald ächzte das System unter seinem eigenen übersteigerten Anspruch. Wenn ein Projekt für besonders entscheidend gehalten wurde, wurde es »beschleunigt«, was für das Team bedeutete, »alles stehen und liegen zu lassen und den neuen Brand zu löschen«. Die einzelnen Techniker jonglierten hektisch mit mehr Projekten, als sie bewältigen konnten, ständig entstanden neue Prioritäten, und die Anforderungen an die Aufmerksamkeit der Teammitglieder wechselten unvorhersehbar.

Um diese Probleme zu lösen, beschloss die Gruppe, den Prozess zu verändern, über den die Arbeit zugeteilt wurde. Wie beim jüngst verbesserten Sequenzierungsablauf wollten die Mitglieder wechseln von einem System, bei dem ihnen neue Aufgaben zugeschoben werden konnten, zu einem, bei dem sie neue Arbeit nur dann zuließen, wenn sie bereit dafür waren. Um dieses Ziel zu erreichen, zeichneten sie ein Diagramm auf eine freie Wand, das ein Kästchen für jede Stufe ihres Entwicklungsprozesses enthielt, angefangen mit der ursprünglichen Idee bis hin zum Testen und Umsetzen. Spezifische Projekte wurden durch Post-it-Zettel dargestellt, die man auf die Wand in die Kästchen der jeweils aktuellen Projektphase klebte. Jeder dieser Zettel war mit den Namen der Ingenieure beschriftet, die gerade daran arbeiteten, was ganz genau verdeutlichte, womit alle derzeit befasst waren.

Die gesamte Gruppe traf sich wöchentlich, um den Status jedes Post-its an der Wand zu besprechen. Wenn ein Projekt bereit für die nächste Phase war, musste der Teamleiter Ingenieure mit genügend Kapazitäten ausfindig machen, die übernehmen konnten. Ihre Namen wurden dem Notizzettel hinzugefügt und dieser wurde dann in das nächste Kästchen versetzt. So wurde es auch leicht zu erkennen, wenn ein Projekt ins Stocken geriet, denn dann kam das Post-it nicht mehr voran. An diesen Stellen konnten Ingenieure mit freien Kapazitäten hinzugefügt oder die Entscheidung getroffen werden, das Projekt komplett zu beenden. Das Wesentliche an diesem System ist: Es verhinderte, dass dem Einzelnen unbegrenzte Mengen an Arbeit aufgehalst wurden. Ein Techniker konnte nur dann neue Arbeit *hereinholen*, wenn er genügend freie Kapazitäten hatte, und dieser Status war leicht daran zu erkennen, wie oft sein Name auf der Wand auftauchte. Eine Überlastung wurde unmöglich. Nach dem Wechsel zu dieser strukturierteren Pull-Strategie sank wenig überraschend die Gesamtzahl der zu bearbeitenden Projekte in der Technologieentwicklungsgruppe um fast 50 Prozent, während die Quote an fertiggestellten Projekten maßgeblich stieg.

Zum Teil von diesem Artikel inspiriert, habe ich in den letzten Jahren die Überzeugung gewonnen, dass Pull-Arbeitsabläufe ein erfolgreiches Werkzeug sind, um Überlastung im Bereich der Wissensarbeit zu verhindern. Wenn Ihre Position es erlaubt, die Art der Arbeitsorganisation in Ihrem Unternehmen oder Ihrer Abteilung zu verändern, kann der Wechsel zu einer Pull-Strategie spektakuläre Ergebnisse hervorbringen, ähnlich wie jener der Technologieentwicklungsgruppe am Broad Institute. Ihre Organisation stellt Projekte dann nicht nur in höherer Geschwindigkeit fertig, sondern Ihre Teammitglieder genießen auch eine neue Freiheit von dem Druck, ständig zu viel erledigen zu müssen.

Komplizierter wird die Sache allerdings, wenn wir unsere Aufmerksamkeit Personen ohne direkte Kontrolle darüber zuwenden, wie ihnen die Arbeit zugeteilt wird. Vielleicht sind Sie bei einer Firma angestellt, die immer noch der schnelleren Produktivität huldigt, oder Sie sind Einzelunternehmer mit Kunden, die keinerlei Interesse am Erlernen komplizierter neuer

Systeme haben. Willkürliche, Push-orientierte Arbeitsabläufe mögen all jenen unvermeidlich erscheinen, die in solchen Umgebungen festsitzen, doch das muss nicht sein. Es ist durchaus möglich, einen maßgeblichen Anteil der Vorteile zu erzielen, die ein vernünftigerer Pull-Prozess mit sich bringt, selbst wenn Ihnen die vollständige Kontrolle über Ihre Arbeitsumgebung fehlt. Entscheidend ist es, ein Pull-orientiertes Zuteilungssystem dergestalt zu *simulieren,* dass die Menschen, mit denen Sie zusammenarbeiten, gar nicht merken, dass Sie etwas Neues ausprobieren.

Es folgt nun eine dreistufige Strategie zur Einführung eines simulierten Pull-Systems für Personen ohne Kontrolle über die Gewohnheiten von Kollegen oder Kunden. Ein solches individualisiertes System ist natürlich nicht so effektiv, wie alle anderen auch von der Push-Abkehr zu überzeugen; aber es ist immer noch viel besser als die übliche Reaktion, bei der man resigniert die Hände hebt und sich von allen Seiten mit Arbeit bewerfen lässt, seufzend vor Frustration, während das symbolische Probentablett überzuquellen beginnt.

SIMULIERTE PULL-STRATEGIE, TEIL I: LAGER- UND AKTIVLISTEN

Der erste Schritt für die Simulation eines Pull-Workflows besteht darin, alle Projekte, mit denen Sie derzeit beschäftigt sind, auf einer Liste zu erfassen, die in zwei Abschnitte unterteilt ist: »Lager« und »aktiv«. (In welchem Format Sie diese Liste führen, spielt keine Rolle. Sie können beispielsweise eine Textdatei auf Ihrem Computer anlegen oder ein altmodisches Notizbuch verwenden: was immer für Sie am einfachsten ist.) Denken Sie daran, wenn ich »Projekte« sage, meine ich etwas, das substanziell genug ist, um zu seiner Fertigstellung mehrere Sitzungen zu benötigen. (Strategien zur Begrenzung kleinerer Verpflichtungen, die wir »Aufgaben« nennen, habe ich in dem vorangegangenen Vorschlag beschrieben.) Wenn Ihnen ein neues Projekt zugeteilt wird, schreiben Sie es in den Lagerabschnitt Ihrer Liste. Die Größe Ihres Lagers ist nicht begrenzt.

Die Aktivposition der Liste dagegen sollte auf höchstens drei Projekte beschränkt sein. Bei der Planung Ihrer Zeit sollten Sie Ihre Aufmerksamkeit nur auf die Projekte auf Ihrer aktiven Liste lenken. Wenn Sie eines dieser Projekte abschließen, können Sie es von der Liste streichen. Somit entsteht ein Freiraum, den Sie füllen können, indem Sie ein neues Projekt aus dem Lager *hereinholen.* Bei größeren Projekten können Sie stattdessen einen angemessenen Anteil der zur Fertigstellung nötigen Arbeit in den Aktivbereich holen. Wenn beispielsweise »Buch schreiben« in Ihrem Lager steht und sich in Ihrem Aktivbereich ein Freiraum ergibt, könnten Sie »Nächstes Kapitel des Buches schreiben« hineinholen, um als Nächstes daran zu arbeiten. In diesem Falle bleibt das größere Projekt »Buch schreiben« so lange im Lager, bis es komplett erledigt ist.

Durch das Führen dieser beiden Listen simulieren Sie die zentrale Dynamik eines Pull-Workflows. Die Zahl der Dinge, an denen Sie aktiv arbeiten, ist auf eine festgelegte, kleine Menge begrenzt – das befreit Sie von dem Gefühl der ständigen Überlastung und minimiert den weiter vorn in diesem Kapitel beschriebenen Zusatzaufwand. Das Problem ist natürlich, dass die Kollegen oder Kunden, die Ihnen Projekte zuteilen, nichts von Ihrem schicken simulierten System wissen und sich über die sichtlich fehlenden Fortschritte bei ihren Aufgaben ärgern könnten. Um ein Trommelfeuer pausenloser Nachfragen zu vermeiden, müssen Sie Ihre Listen mit einem cleveren Annahmeverfahren kombinieren. Das ist der Schritt, den wir als Nächstes besprechen.

SIMULIERTE PULL-STRATEGIE, TEIL II: ANNAHMEVERFAHREN

Wenn Sie Ihrem Lager ein neues Projekt hinzufügen, ist es wichtig, die Quelle dieser neuen Verpflichtung darüber auf dem Laufenden zu halten, was sie erwarten kann. Verschicken Sie dazu eine *Bestätigung*, die formal das Projekt bestätigt, das zu bearbeiten Sie sich verpflichten, die aber auch die drei folgenden zusätzlichen Informationen enthält: (1) die Bitte um alle zusätzlichen Details, die Sie von der Quelle benötigen, ehe Sie mit dem Projekt beginnen können, (2) die Anzahl der bereits in Ihren Listen enthaltenen Projekte und (3) eine Schätzung, bis wann Sie diese neue Arbeit erledigen können.

Nach dem Versand dieser Nachricht beschriften Sie das Projekt mit der zeitlichen Schätzung, die Sie in Ihrer Bestätigung genannt haben, damit Sie das später nicht vergessen. Denken Sie daran, wenn Sie diese Einschätzung treffen, können Sie die Schätzungen für alle Ihre laufenden Projekte berücksichtigen, um zu einer realistischen Vorhersage zu kommen.

Ein Beispiel für eine Bestätigung:

Hallo Hasini,

ich möchte noch mal auf unser Gespräch von heute Morgen zurückkommen und bestätigen, dass ich mich um die Aktualisierung des Kundenbereichs unserer Website kümmern werde. Was ich zuvor noch von Ihnen brauche, ist eine Liste der Elemente, die Ihrer Meinung nach auf der neuen Seite nötig sind (oder den Link zur Website einer anderen Firma, die Sie für gelungen halten). Ich habe derzeit elf weitere Projekte, die vorher erledigt werden müssen. Unter Berücksichtigung meiner Verpflichtungen für diese existierenden Projekte gehe ich davon aus, dass ich diese Angelegenheit in ungefähr vier Wochen erledigen kann, nachdem ich die notwendigen Informationen von Ihnen erhalten habe. Sollte sich an dieser Einschätzung etwas ändern, sage ich Ihnen natürlich Bescheid.

Viele Grüße
Cal

Wenn Sie mit einem Projekt in Verzug geraten, aktualisieren Sie Ihre Einschätzung und informieren Sie die Person, die Ihnen die Arbeit zugewiesen hat, über die Verzögerung. Entscheidend ist hierbei Transparenz. Benennen Sie klar, was vorgeht, und halten Sie Ihre Versprechen, selbst wenn diese Versprechen verändert werden müssen. Lassen Sie niemals ein Projekt einfach durchrutschen in der Hoffnung, dass es in Vergessenheit gerät. Wenn Ihre Kollegen und Kunden sich nicht auf die Durchführung Ihrerseits verlassen können, lassen sie Sie nicht in Ruhe. Diese Beobachtung ist wichtig, wenn Sie mit dieser Methode erfolgreich sein wollen. Wir glauben oft, dass die Menschen, mit denen wir zusammenarbeiten, sich nur dafür interessieren, schnellstmöglich Ergebnisse zu erhalten. Doch das stimmt nicht. Was sie häufig wirklich wollen, ist, etwas aus der Hand geben zu können und sich nicht mehr darum sorgen zu müssen, ob es erledigt wird oder nicht. Wenn man Ihnen vertraut, gibt man Ihnen die Freiheit, die Dinge zu Ihren eigenen Bedingungen zu erledigen. Mit anderen Worten, die Entlastung zählt mehr als die Zweckmäßigkeit.

Ein Nebennutzen eines guten Annahmeverfahrens ist, dass es oft zur Rücknahme von Anliegen führt. Es kommt beispielsweise häufig vor, dass ein Vorgesetzter aus einer Laune heraus einem Mitarbeiter eine Idee zuwirft. Wird dieses Anliegen jedoch formalisiert, sodass der Vorgesetzte sieht, dass er Ihnen weitere Informationen liefern muss, und wird er mit der Realität Ihrer derzeitigen Arbeitsbelastung konfrontiert, antwortet er vielleicht einfach nur: »Ich habe noch mal darüber nachgedacht, lassen wir die Sache fürs Erste mal auf sich beruhen.« Manchmal braucht es bloß ein bisschen Reibungswiderstand, um den Zustrom von Aufgaben zu verlangsamen.

SIMULIERTE PULL-STRATEGIE, TEIL III: BEREINIGUNG VON LISTEN

Einmal in der Woche sollten Sie Ihre Listen aktualisieren und bereinigen. Dabei geht es nicht nur darum, neue Arbeit hereinzuholen, um die leeren Stellen im Aktivabschnitt zu füllen, sondern Sie sollten auch herannahende Fristen im Auge behalten. Behandeln Sie vorrangig, was bald fällig ist, und verschicken Sie Updates für alle Arbeiten, die Sie nicht in der versprochenen Zeit werden abschließen können. Diese Bereinigungen sind auch eine gute

Gelegenheit, stagnierende Projekte aus Ihrem Lager zu löschen. Wenn Sie dasselbe Projekt zum Beispiel immer wieder zurückgestellt haben, könnte das ein Anzeichen dafür sein, dass Sie gar nicht für seine Erledigung ausgestattet sind oder dass es jenseits Ihrer Komfortzone liegt.

Ziehen Sie in solchen Fällen in Betracht, die ursprüngliche Quelle des Projekts einfach geradeheraus zu bitten, Sie von Ihrer Verpflichtung zu befreien:

> *Ich weiß, ich hatte zugesagt, mich um die neue Kundenwebsite zu kümmern, aber wie Ihnen sicher bereits aufgefallen ist, habe ich diese Arbeit immer wieder aufgeschoben. Ich nehme an, das ist ein Zeichen dafür, dass ich einfach nicht genug darüber weiß, was wir hier eigentlich anstreben, um voranzukommen. Wenn Sie nichts dagegen haben, würde ich das jetzt gern von meiner Liste streichen. Ich glaube, wir sollten uns vielleicht Hilfe bei der Webentwicklungsabteilung holen, um in dieser Angelegenheit wirklich Fortschritte zu erzielen.*

Halten Sie beim Bereinigen Ihrer Listen auch nach Projekten Ausschau, die redundant geworden sind oder sich durch spätere Ereignisse als überflüssig erwiesen haben. Diese Kundenwebsite zum Beispiel, die Sie aktualisieren sollten, ist vielleicht gar nicht mehr relevant, nachdem Ihr Chef beschließt, ein Unternehmen damit zu beauftragen, die gesamte Firmen-Webpräsenz von Grund auf neu zu gestalten. In solchen Fällen löschen Sie die überholten Projekte aus Ihren Listen. Zuvor schicken Sie der ursprünglichen Quelle jedoch eine kurze Mitteilung. Die Simulation eines Pull-Workflows funktioniert nur, wenn Sie Transparenz wahren.

4 ARBEITEN MIT NATÜRLICHER GESCHWINDIGKEIT

Das zweite Prinzip der Slow Productivity

Die Erkenntnis kam ganz plötzlich. Es war im Sommer 2021, ich machte Urlaub in Maine und saß vor unserem kleinen Ferienhäuschen am Hafen von York. Ich las John Gribbins monumentales geschichtliches Werk *The Scientists* von 2002, in dem er biografische Miniaturen der großen Theoretiker und Experimentatoren vorstellt, die als Begründer der modernen Wissenschaften gelten. Beim Lesen fielen mir zwei widersprüchliche Aussagen auf, die beide gleichzeitig zuzutreffen schienen. Diese großen Wissenschaftler vergangener Zeiten waren eindeutig »produktiv« nach allen vernünftigen Definitionen dieses Begriffs. Wie soll man es sonst nennen, wenn jemand buchstäblich unsere Vorstellung des Universums verändert? Gleichzeitig jedoch schien die *Geschwindigkeit*, mit der sie ihre folgenschweren Entdeckungen erarbeiteten, nach modernen Begriffen unregelmäßig und in einigen Fällen beinahe gemächlich zu sein.

Kopernikus' revolutionäre Ideen der Planetenbewegungen beispielsweise wurden angeregt durch einen neuen Kommentar zu Ptolemäus, der 1496 veröffentlicht wurde und den der junge Astronom im Alter von dreiundzwanzig Jahren gelesen hatte. Erst 1510 machte Kopernikus sich jedoch daran, seine Theorien in einem Arbeitsentwurf niederzuschreiben, den er an seine Freunde weitergab. Danach dauerte es weitere dreißig Jahre, bis er endlich sein Meisterwerk *Über die Umlaufbahnen der Himmelssphären* veröffentlichte und es damit einem breiteren Publikum zugänglich machte.[74] Tycho Brahe, dessen sorgfältige astronomische Datensammlung die Grundlage für die Akzeptanz von Kopernikus' Theorien legte, war mit seiner Arbeit auch nicht schneller. Seine bedeutenden Beobachtungen des hellen Kometen, der 1577 den europäischen Nachthimmel kreuzte, wurden erst 1588 vollständig analysiert und veröffentlicht.[75]

Ähnlich gemächlich entwickelte sich die Wissenschaft der Physik. Bekanntlich nutzte Galileo 1584 oder 1585 seinen Puls, um Schwungpendel in der Kathedrale von Pisa zu justieren. Doch erst 1602 führte er weitergehende Experimente durch, die zur Bestimmung der Pendelgesetze führten. Isaac Newton begann im Sommer 1655, sich ernsthaft mit der Schwerkraft zu beschäftigen, nachdem er vor der Pest von Cambridge nach Lincolnshire aufs Land geflüchtet war. Erst 1670 hatte er das Gefühl, das Abstandsquadratgesetz wirklich erfasst zu haben, und dann brauchte er noch mal ungefähr fünfzehn Jahre, bis er endlich seine umwälzenden Theorien veröffentlichte.[*76]

Dieses bedächtige Tempo ist nicht auf die Menschen der Renaissance beschränkt. Wenn wir einen Sprung in den Sommer 1896 machen, stoßen wir auf Marie Curie, die intensiv in eine Versuchsreihe zur *Radioaktivität* vertieft ist – ein neuer Begriff, den sie kürzlich geprägt hat –, welche eine Substanz namens Pechblende aufweist. Curie war überzeugt, dass Pechblende ein neues, überaus aktives Element enthielt, das bisher von der Wissenschaft nicht identifiziert worden war. Das war eine große Sache. Ein neues Element dieser Art zu isolieren und zu beschreiben, wäre eine karrierefördernde, des Nobelpreises würdige Entdeckung. Genau zu diesem Zeitpunkt, dieses

* Wie John Gribbin erläutert, veröffentlichte Newton zu einem späteren Lebenszeitpunkt die Geschichte des vom Baum fallenden Apfels, um seine Entdeckung des Abstandsquadratgesetzes ganz auf jenen ersten Besuch in Lincolnshire 1655 zurückzuführen. Das war Marketing. Seine Schriften aus dieser Zeit machen deutlich, dass diese Ideen sich allmählich über einen Zeitraum von vielen Jahren entwickelten, mit Beginn im Jahr 1655. Näheres dazu bei John Gribbin, *The Scientists: A History of Science Told through the Lives of Its Greatest Inventors* (New York: Random House Trade Paperbacks, 2004), 185 f.

Potenzial nun im Blick, beschloss Marie, ihr bescheidenes Heim in Paris gemeinsam mit ihrem Mann Pierre und der neugeborenen Tochter zu verlassen und einen ausgedehnten Urlaub auf dem französischen Land anzutreten, wo sie der Biografie ihrer Tochter Eve zufolge »auf Berge stieg, Höhlen besuchte, in Flüssen badete«.[77]

In jenem Sommer, immer noch in Maine, schrieb ich einen Essay über diese Beobachtungen, dem ich den Titel »On Pace and Productivity« (etwa: »Über Geschwindigkeit und Produktivität«) gab.[78] Darin bemerkte ich, dass es im Hinblick auf unser Verständnis von Produktivität *auf den Zeitmaßstab ankommt.* Wenn man den raschen Maßstab von Tagen und Wochen anlegt, können die Leistungen historischer Denker wie Kopernikus und Newton unregelmäßig und sogar verzögert erscheinen. Betrachtet man sie dagegen anhand des langsamen Maßstabs von Jahren, erscheinen ihre Leistungen plötzlich unbestreitbar und beeindruckend fruchtbar. Als Marie Curie in Stockholm auf die Bühne trat, um den ersten ihrer beiden Nobelpreise entgegenzunehmen, war der Urlaub von 1896, also sieben Jahre zuvor, schon längst aus ihren Gedanken verschwunden.

In der Zeit, die seit dieser ersten Erkenntnis in Maine vergangen ist, habe ich meine Theorien über die Wechselwirkung zwischen Geschwindigkeit und unserem Erleben beruflicher Leistungen weiter ausgearbeitet. Es wurde deutlich, dass in unserer zeitgenössischen Arbeitswelt die Tendenz dahin geht, Leistungen anhand des schnellen Maßstabs zu beurteilen. Das ist wenig überraschend. Wie ich schon im ersten Teil dieses Buches erklärte: Als die Wissensarbeit sich im 20. Jahrhundert zu einem zentralen Wirtschaftssektor entwickelte, reagierten wir auf den Schock all dieser Neuartigkeit, indem wir eine übereilte, industriell geprägte Vorstellung von Produktivität annahmen. Doch wie John Gribbin uns ins Gedächtnis ruft, ist das nicht die einzige Möglichkeit, das Arbeitstempo zu betrachten.

Die großen Wissenschaftler vergangener Zeitalter würden unsere Eile als unsinnig und hektisch empfinden. Sie interessierten sich dafür, was sie im Laufe ihrer Lebenszeit hervorbrachten, nicht innerhalb irgendeines bestimmten kurzen Zeitraums. Ohne einen Chef, der ihnen über die Schulter sah, oder Kunden, die sie zum Beantworten von E-Mails drängten, verspürten sie nicht den Druck zu maximaler täglicher Geschäftigkeit. Stattdessen war es für sie ganz angenehm, länger für Projekte zu brauchen und ihrer Arbeit einen großzügigeren und variableren Rhythmus zu geben. Curie war nichts Besonderes, was ihre Entscheidung anging, sich einen Sommer lang zum Nachdenken und Erholen zurückzuziehen. Auch Galileo genoss die Besuche in der Villa von Freunden, die bei Padua auf dem Lande lag. Er unternahm dort lange Wanderungen in den Hügeln und schlief wunderbar in einem Zimmer, das durch mehrere miteinander verbundene Leitungen, die kühle Luft aus einem nahe gelegenen Höhlensystem heranführten, geschickt klimatisiert war.* Und Newton fand natürlich großen Gefallen an seinen ausgedehnten Besuchen in Lincolnshire, der Heimat des berühmten Apfelbaums.

Vor allem nahmen diese Wissenschaftler jedoch eine Perspektive auf ihre beruflichen Leistungen ein, die eher philosophisch als zweckgerichtet war. In der *Nikomachischen Ethik*, mit der jeder ernsthafte Denker seit Kopernikus' Zeiten vertraut war, beschrieb Aristoteles es als menschlichste und wertvollster aller Aktivitäten, sich tief in eine Sache zu versenken. Nach dieser Logik hatte die allgemeine Lebensweise des Wissenschaftlers einen eigenen Wert, unabhängig von allen spezifischen Errungenschaften des Augenblicks. Nur geringer Wert konnte mit Eile erzielt werden, denn die Arbeit selbst trug den Lohn in sich. Diese Einstellung unterstützte das in der Renaissance verbreitete Verständnis von beruflichen Leistungen als ein Element von vielen, die gemeinsam zu einer fruchtbaren Existenz beitragen. »Über all das hinaus hatte Galileo ein umfangreiches Privatleben«, schreibt Gribbin. »Er beschäftigte sich mit Literatur und Poesie, ging regelmäßig ins Theater und brachte es im Lautespiel auf ein hohes Niveau.«[79]

Das zweite Prinzip der Slow Productivity folgt der These, dass diese berühmten Wissenschaftler etwas ganz Bestimmtem auf der Spur waren. Unsere

* Dieses System war keineswegs perfekt. An einem unglückseligen Abend, so beschreibt es Gribbin, drangen giftige Gase aus dem Höhlensystem und wurden durch die Leitungen geführt. Galileo und seine beiden Gefährten in dem Zimmer erkrankten schwer. Einer von ihnen starb, und Galileos Gesundheit war sein ganzes restliches Leben über beeinträchtigt. Gribbin, *The Scientists*, 80.

erschöpfende Tendenz, uns ohne Unterlass aufzureiben, Stunde für Stunde, Tag für Tag und Monat für Monat, ist willkürlicher, als wir uns bewusst machen. Es ist richtig, dass die meisten Menschen Vorgesetzte oder Kunden haben, die Anforderungen stellen, aber sie diktieren nicht immer die Einzelheiten unserer täglichen Terminplanung – oft sind es unsere eigenen Ängste, die den strengsten Zuchtmeister spielen. Wir leiden an überambitionierten Fristsetzungen und schlecht organisierten Arbeitslasten aufgrund eines fundamentalen Unbehagens, jemals von der lähmenden Erschöpfung der hektischen Geschäftigkeit abzulassen.

Diese Wissenschaftler verweisen auf ein alternatives Vorgehen der Arbeitseinteilung, bei dem wir unseren wichtigen Leistungen mehr Raum zum Atmen geben, sodass sie sich länger und in wechselnder Intensität über die Zeit hinweg entwickeln können. Dieses Vorgehen ist nicht nur nachhaltiger und menschlicher, sondern auch unbestreitbar die bessere langfristige Strategie zur Hervorbringung bedeutsamer Ergebnisse. Im 16. Jahrhundert war Galileos Berufsleben entspannter und weniger intensiv als das eines durchschnittlichen Wissensarbeiters im 20. Jahrhundert. Dennoch gelang es ihm, den Lauf der menschlichen Geistesgeschichte zu verändern.

Wir können diese Ideen folgendermaßen zu einem pragmatischen Prinzip verdichten:

PRINZIP NR. 2: ARBEITEN MIT NATÜRLICHER GESCHWINDIGKEIT

Hasten Sie nicht durch Ihre wichtigste Arbeit. Ermöglichen Sie es ihr stattdessen, sich im Rahmen eines nachhaltigen Zeitplans zu entfalten, mit variierender Intensität und in Umgebungen, die der Meisterschaft zuträglich sind.

In den folgenden Kapiteln werde ich zunächst meine Argumente für ein gemächlicheres Arbeiten ausführen. Wie sich zeigen wird, gibt es einen Grund dafür, dass all diese Wissenschaftler sich auf dieselbe, durchdachtere Vorgehensweise bei ihrer Tätigkeit verlegt haben: Sie ist wesentlich natürlicher als jene vereinheitlichte Emsigkeit, die den modernen Arbeitstag prägt. Im Anschluss werde ich eine Reihe von Vorschlägen unterbreiten, wie Sie dieses zweite Prinzip konkret in Ihrem eigenen Berufsleben umsetzen können. Wir werden uns mit den Details einer klugen Planungsheuristik und simulierten Ruhezeiten beschäftigen. Wichtiger noch als diese spezifischen Anregungen jedoch ist die übergreifende Botschaft in diesem Kapitel. Slow Productivity erteilt den performativen Belohnungen einer unablässigen Dringlichkeit eine entschiedene Absage. Es gibt immer noch mehr Arbeit zu erledigen. Sie sollten Ihren Leistungen den Raum zum Atmen und den Respekt einräumen, die sie brauchen, um sie zum Bestandteil eines guten Lebens zu machen, nicht zu dessen Hemmschuh.

Von der Nahrungssuche zur unsichtbaren Fabrik oder: Warum Wissensarbeiter zu einer natürlicheren Geschwindigkeit zurückkehren sollten

Im Herbst 1963 reiste ein unternehmungslustiger junger Anthropologe namens Richard Lee in die Dobe-Region der nordwestlichen Kalahari-Wüste in Südafrika. Er wollte dort inmitten der Gemeinschaft der Ju/'hoansi leben, die aus rund vierhundertsechzig Personen bestand, aufgeteilt in vierzehn unabhängige Lager. Dieser semiaride Teil der Kalahari wurde alle zwei bis drei Jahre überflutet, was Lee dazu brachte, ihn als »grenzwertige Umgebung für menschliche Ansiedlungen« zu bezeichnen.[80] Die schwierigen Bedingungen machten das Territorium der Ju/'hoansi weniger attraktiv für Bauern und Hirten, sodass die Gemeinschaft bis weit ins 20. Jahrhundert hinein dort in relativer Abgeschiedenheit leben konnte.

Wie Lee später erläuterte, waren die Ju/'hoansi nicht vollständig von der Welt abgeschnitten. Bei seiner Ankunft betrieben sie zum Beispiel Handel mit Tswana-Viehhirten in der Nähe und begegneten Europäern auf deren kolonialen Patrouillen. Doch der fehlende intensive Kontakt zur lokalen Wirtschaft bedeutete, dass die Ju/'hoansi ihren Lebensunterhalt weiterhin hauptsächlich mit Jagen und Sammeln bestritten. Seinerzeit wurde allgemein angenommen, dass die Beschaffung von Nahrungsmitteln ohne die Stabilität und den Überfluss der Landwirtschaft gefahrvoll und mühsam sei. Lee wollte herausfinden, ob das stimmte.

Seit rund 300.000 Jahren gibt es den Menschen in unserer mehr oder weniger modernen Gestalt.[81] Bis vor etwa 10.000 Jahren lebten wir in all dieser langen Zeit als halbnomadische Jäger und Sammler. Das zeitliche Verhältnis ist ausreichend groß, dass die beharrliche Logik der natürlichen Auslese unsere Körper und Gehirne an eine Existenz anpassen konnte, in der unser Erlebnis des »Arbeitens« um die Nahrungssuche kreiste. Wenn wir daher die Reibungspunkte im heutigen Büroalltag verstehen wollen, kann es ein guter Ausgangspunkt sein, herauszufinden, wo unsere aktuellen Arbeitsabläufe sich am meisten von denen unterscheiden, die unsere prähistorischen Vorfahren sich angewöhnten.

Das Problem bei diesem Vorgehen ist natürlich, dass keine prähistorischen Menschen mehr da sind und archäologische Ausgrabungen nur bruchstückhafte Einblicke in die Realität dieser vergangenen Zeiten ermöglichen. Zum Glück hat die moderne Anthropologie, aufbauend auf der bahnbrechenden Arbeit von Richard Lee, eine Teillösung für dieses Problem gefunden: mit Sorgfalt die immer kleiner werdende Zahl von vorhandenen Gemeinschaften zu untersuchen, die ihren Lebensunterhalt nach wie vor überwiegend mit Jagen und Sammeln bestreiten. Wissenschaftler wie Lee heben dabei hervor, dass diese noch existierenden Nahrung suchenden Gruppen *keine* Überbleibsel eines vergangenen Zeitalters sind, sondern moderne Individuen, die in der modernen Welt leben und mit ihr in Verbindung stehen. Anhand ihres Beispiels können wir jedoch ein umfassenderes Verständnis der täglichen Realitäten des Jagens und Sammelns als Hauptmittel zum Überleben gewinnen, mit anderen Worten: eingehender betrachten, was »Arbeit« die längste Zeit der menschlichen Existenz bedeutete.

Nach fünfzehnmonatiger Feldforschung, die vom Herbst 1963 bis zum frühen Winter 1965 gedauert hatte, war Lee bereit, seine Ergebnisse der Welt zu präsentieren. Gemeinsam mit seinem langjährigen Mitarbeiter Irven DeVore organisierte er im darauffolgenden Frühjahr in Chicago eine sensationelle Konferenz. Sie hieß »Der Mensch als Jäger« und versprach der Anthropologie ihre »erste intensive Untersuchung eines einzelnen, maßgeblichen Stadiums der menschlichen Entwicklung – der ehemals allgemeingültigen menschlichen Lebensweise des Jagens«. Das von diesem bevorstehenden Ereignis erregte Aufsehen war so groß, dass der herausragende französische Anthropologe Claude Lévi-Strauss zur Teilnahme nach Amerika reiste.

Lee stahl die Schau mit einem Dokument, das die Ergebnisse seiner Zeit mit den Ju/'hoansi beschrieb. Es beginnt mit der Wiederholung der allgemeinen Annahme, dass ein Leben als Jäger und Sammler »für gewöhnlich ein ungewisser und mühsamer Existenzkampf« sei, dann nennt es methodisch Zahlen und Fakten, um diese Vorstellung zu untergraben. Die von Lee erforschte Gemeinschaft erwies sich als gut genährt und nahm über 2000 Kalorien täglich zu sich, selbst während einer historischen Überschwemmung in Botswana. Ähnlich überraschend war die Beobachtung, dass die Ju/'hoansi weniger zu arbeiten schienen als die umliegenden Landwirte. Lees Aufzeichnungen zufolge verbrachten die von ihm untersuchten Erwachsenen im Schnitt rund zwanzig Stunden wöchentlich mit der Nahrungssuche. Weitere rund zwanzig Stunden waren anderen Pflichten gewidmet – was reichlich freie Zeit übrig ließ.

Lee fasst zusammen, dass aus diesen modernen Beobachtungen viele Rückschlüsse über den Umgang der Vorfahren unserer Spezies mit Arbeit gezogen werden können:

> Die Buschmänner der Dobe-Region leben heute gut von Wildpflanzen und Fleisch, ungeachtet der Tatsache, dass sie auf den am wenigsten produktiven Teil jenes Gebiets beschränkt sind, in dem Buschmänner früher zu finden waren. Es ist anzunehmen, dass diese Jäger und Sammler in vergangenen Zeiten ein noch besseres Auskommen hatten.[82]

Wie zu erwarten stieß diese frühe Studie der Lebensform von Jägern und Sammlern später auch auf viel Kritik. Lees Datenerfassungsmethode in Form datierter Tagebucheinträge etwa war möglicherweise zu ungenau, und es wurde darüber gestritten, ob er alle relevanten Tätigkeiten korrekt als »Arbeit« definierte. Sein großer Gedanke jedoch, dass wir etwas über die Ökonomie vergangener Zeiten lernen können, indem wir moderne Gemeinschaften von Nahrungssuchenden untersuchen, erwies sich als ungeheuer einflussreich.[83]

Ein noch präziseres Bild jener Art von Daten, die Lee zusammengetragen hat, liefert uns die weitaus jüngere Arbeit eines Forschungsteams unter der Leitung von Mark Dyble, der gegenwärtig als Dozent für evolutionäre Anthropologie an der Universität Cambridge arbeitet. In einem bahnbrechenden Artikel, der 2019 in der Zeitschrift *Nature Human Behaviour* erschien,[84] wird berichtet, dass Dyble und sein Team beabsichtigten, Lees allgemeine Studie zu reproduzieren, diesmal jedoch unter Verwendung neuerer Methoden. Sie beobachteten die Agta auf den nördlichen Philippinen, eine Gemeinschaft, die sich gut für den Vergleich verschiedener Modelle des Nahrungserwerbs eignet, weil einige von ihnen sich immer noch weitgehend auf das Jagen und Sammeln verlassen, während andere vor Kurzem zum Reisanbau übergegangen sind. Beide Gruppen haben dieselbe Kultur und Umgebung, was einen klareren Vergleich der beiden Nahrungsbeschaffungsstrategien erlaubt. Dybles Team wich von Lees Tagebuchmethode ab, mit welcher der Forscher versuchte, alle Aktivitäten im Tagesablauf seiner Probanden festzuhalten (was sich als recht schwierig erwies); die Forscher wendeten stattdessen die modernere Methode der Erlebnisstichproben an, bei der die Wissenschaftler in willkürlichen Intervallen aufzeichnen, was ihre Probanden genau in diesem Moment tun. Ziel war die Berechnung des Verhältnisses der erhobenen Stichproben zwischen Freizeit und Arbeit, sowohl bei den Landwirten als auch bei den Nahrungssuchern.

»Die gänzlich mit der Nahrungssuche beschäftigte Gruppe verbrachte 40 bis 50 Prozent des Tages mit Freizeit«, erzählte mir Dyble, als ich ihn bat, die Ergebnisse seines Teams zusammenzufassen, »gegenüber eher 30 Prozent bei denjenigen, die gänzlich landwirtschaftlich tätig waren.« Seine Zahlen bestätigen Lees Behauptung, Jäger und Sammler hätten mehr freie Zeit als Landwirte, wenn auch vielleicht nicht in so extremem Maße, wie es ursprünglich berichtet wurde. Was in diesen hochwertigen Zahlen jedoch fehlt, ist eine ähnlich wichtige Beobachtung: wie sich nämlich diese freie Zeit über den Tag hinweg *verteilt*. Wie Dyble erklärte, waren die Bauern eher mit »monotoner, kontinuierlicher Arbeit« beschäftigt, während das Tempo der Nahrungssucher unterschiedlicher ausfiel und ihre täglichen Mühen von langen Ruhephasen unterbrochen wurden. »Für die Jagd waren lange Wanderungen durch den Wald nötig, man war also den ganzen Tag unterwegs, aber es gab Pausen«, erzählte mir Dyble. »Bei Tätigkeiten wie dem Fischen gibt es Spitzenzeiten, Höhen und Tiefen … nur ein kleiner Prozentsatz ihrer Zeit ist dem tatsächlichen Fangen von Fischen gewidmet.«

Für unsere Zwecke ist die entscheidende Beobachtung aus Dybles Studie die Unregelmäßigkeit der Tätigkeiten bei den Nahrungssuchern. Ein geschäftiger Aufbruch zu einer Fischfangexpedition kann auch ein langes Nickerchen im Boot während der mittäglichen Flaute einschließen. Auf eine anstrengende Jagd können mehrere Tage folgen, die mit sehr wenig Aktivität verbracht werden, während man eine Regenphase abwartet. Die Reis anbauenden Agta dagegen arbeiteten kontinuierlich von Sonnenaufgang bis Sonnenuntergang, wenn sie pflanzten oder ernteten. Verglichen mit den Aktivitäten ihrer Nahrung suchenden Brüder kamen Dyble diese landwirtschaftlichen Tätigkeiten »monoton« vor. Dieser unmittelbare Vergleich betont, wie sehr unser Arbeitserlebnis sich in der jüngsten Vergangenheit unserer Spezies verändert hat. Unser Übergang vom Jagen und Sammeln zum Ackerbau – die Neolithische Revolution – hat erst vor rund 12.000 Jahren Fahrt aufgenommen. Zur Zeit des Römischen Reiches war die Nahrungssuche fast vollständig aus der menschlichen Geschichte verschwunden. Diese Umorientierung zur Landwirtschaft versetzte fast die gesamte Menschheit in einen Zustand, der dem der Reis anbauenden Agta glich, die etwas Neues bewältigen mussten: die fortlaufende Monotonie gleichförmiger Arbeit, von morgens bis abends, tagein und tagaus.

Das einzig Gute an diesem Szenario ist, dass die Landwirtschaft nicht über das ganze Jahr hinweg diese eintönige Tätigkeit erfordert, denn das geschäftige Säen und Ernten wird durch die Winterruhe unterbrochen. Bald entwickelte die Menschheit Rituale, um diesem an- und abschwellenden Rhythmus Struktur und Sinnhaftigkeit zu geben. Erntefeiern ermunterten zu der intensiven Arbeit, die in jedem Herbst zum Einbringen der Ernte notwendig war, während aufwendige Winterfestlichkeiten der Untätigkeit der darauffolgenden dunklen Monate Sinn verliehen. Bei den alten Germanen zum Beispiel gab es die mehrtägigen Julfeiern: Mit ihren Tieropfern und der Totenehrung rund um hell leuchtende Feuer machten sie die kürzesten Tage des Jahres zu etwas anderem als einem Ungemach, das irgendwie ausgehalten werden musste.

Die Industrielle Revolution tilgte diese letzten Überreste von Abwechslung aus unserer Arbeitstätigkeit. Die motorbetriebene Mühle und später die Fabrik machten jeden Tag zum Erntetag – kontinuierliche, monotone Arbeit, die immer gleich bleibt. Vorbei waren die saisonalen Veränderungen und die sinnstiftenden Rituale. Mit seiner Theorie der *Entfremdung* traf Marx trotz all seiner Schwachstellen und Übertreibungen den Nagel auf den Kopf. Sie besagte, dass die industrielle Ordnung uns von unserer grundlegenden menschlichen Natur entfremdet. Schließlich wehrten sich die Arbeiter – unvermeidlicherweise – gegen diese düstere Situation. Sie drängten auf eine Reformgesetzgebung wie den Fair Labor Standards Act (vom US-Kongress 1938 verabschiedet), der vierzig Stunden als wöchentliche Standardarbeitszeit festlegte und den Teil des Tages begrenzte, der ohne zusätzliche Bezahlung für monotone Tätigkeiten aufgewendet werden durfte. Sie gründeten auch Gewerkschaften als Gegengewicht zu den entmenschlichenden Aspekten der Industrialisierung. Wenn wir schon unsere Tage mit Aktivitäten zubringen mussten, die uns von unserer grundlegenden Natur entfremdeten, wollten wir dies (soweit möglich) wenigstens zu unseren eigenen Bedingungen tun.

Dann trat die Wissensarbeit als großer Wirtschaftssektor auf den Plan. Wie in Teil 1 besprochen, wusste die Führungsklasse nicht, wie sie mit der Autonomie und Vielfalt von Tätigkeiten in diesem neuen Sektor umgehen sollte. Ihre Notlösungsantwort war die Pseudoproduktivität, die sichtbare Aktivität als Stellvertreter für Nützlichkeit einsetzte. Unter dieser neuen Voraussetzung taten wir einen weiteren Schritt zurück. Wie im industriellen Sektor arbeiteten wir weiterhin den ganzen Tag, jeden Tag, ohne saisonale Änderungen, denn jede solcher Änderungen wurde nun als Nichtproduktivität wahrgenommen. Doch anders als im industriellen Sektor hatten wir in dieser *unsichtbaren Fabrik*, die wir uns selbst gebaut hatten, keine Reformgesetzgebung und keine Gewerkschaften, um die kraftraubendsten Aspekte dieses Szenarios zu identifizieren und für ihre Einschränkung zu kämpfen. Die Wissensarbeit konnte ungebremst unsere Existenz bestimmen: Sie okkupierte nach und nach so viel von unserer Zeit, von den Abenden über die Wochenenden bis zum Urlaub, wie wir ertragen konnten, und gab uns nur wenige Ausweichmöglichkeiten jenseits von Burn-out oder Degradierung oder Kündigung, wenn es zu viel wurde. Unsere Entfremdung vom Rhythmus der Arbeit, der die ersten 280.000 Jahre der menschlichen Existenz geprägt hatte, war nun umfassend.

Hinter dieser Überanstrengung blitzt jedoch eine bessere Zukunft hervor. Monotones, ganztägiges Schuften ist unvermeidlich, wenn man die Ernte einfährt oder an einem Fließband arbeitet – man kann nichts anderes dagegen tun, als die schlimmsten Auswirkungen durch Rituale und Gesetze einzudämmen. Weniger klar ist, dass diese eintönige Intensität in der Wissensarbeit ebenso unvermeidlich sein muss. Wir ackern lange Tage, jeden Tag, um den Anforderungen der Pseudoproduktivität zu entsprechen – nicht weil qualifizierte kognitive Tätigkeiten eine derart ungeteilte Aufmerksamkeit verlangen. Wenn überhaupt, so haben wir Grund zu der Annahme, dass ein solcher industrieller Arbeitsrhythmus uns eher *weniger* erfolgreich macht. Erinnern Sie sich, dass die Wissenschaftler, mit denen wir dieses Kapitel begonnen haben, die Freiheit ihrer besonderen Position nutzten, um ein Auf-und-ab-Tempo zu verfolgen, das mehr dem eines Agta-Nahrungssuchers glich als dem eines modernen Büromitarbeiters. Diese traditionellen Wissensarbeiter hatten die Freiheit, auf jede gewünschte Art zu arbeiten, und kehrten wenig überraschend zu den abwechslungsreicheren Leistungsabstufungen zurück, die der menschlichen Natur entsprechen.

Genau hier finden wir die Rechtfertigung für das zweite Prinzip der Slow Productivity. Mit beständiger Intensität zu arbeiten, ist künstlich und unhaltbar. Für den Moment mag es ein falsches Gefühl der Nützlichkeit erzeugen, doch wenn es sich über längere Zeit fortsetzt, entfremdet es uns von unserer grundlegenden Natur, ruft Kummer hervor und wird uns aus strikt ökonomischer Perspektive fast zwangsläufig daran hindern, unsere volle Kapazität zu entfalten. Eine natürlichere, langsamere, abwechslungsreichere Arbeitsgeschwindigkeit ist die Grundlage echter Produktivität auf lange Sicht. Was folgt, ist eine Reihe von Vorschlägen, wie Sie solche Abwechslungen in Ihre aktuelle berufliche Situation einflechten können. Die meisten haben nicht die Gelegenheit, wie Marie Curie einen mehrmonatigen Urlaub anzutreten, um den Kopf freizubekommen. Aber wenn Sie sorgsam darauf achten, wie Sie die Autonomie und die Uneindeutigkeit nutzen, die mit den meisten modernen Berufen im Wissenssektor einhergehen, wird es Sie möglicherweise überraschen, wie viel Macht Sie haben, den Rhythmus Ihrer Arbeit deutlich – nennen wir es: menschlicher zu machen.

Vorschlag: Sich mehr Zeit nehmen

Den ersten Entwurf von *In the Heights* schrieb Lin-Manuel Miranda während seines Grundstudiums an der Wesleyan University. Die erste Vorführung seines Musicals, das später mehrere Tony Awards gewinnen sollte, fand im Frühling 2000 in einem Campustheater statt. Da war er gerade einmal zwanzig Jahre alt. Diese Geschichte enormer Frühreife ist zum Teil der Miranda-Legende geworden und erzählt von der Entfaltung eines aus seiner Generation herausragenden Talents. Was bei dieser Erzählung jedoch häufig weggelassen wird, ist das, was zwischen dieser ersten Aufführung und dem triumphalen Broadway-Debüt des Stücks acht Jahre später geschah.

Das Musical in einem Akt, das Miranda 2000 aufführte, war völlig anders als die fast zweieinhalbstündige Show voller mitreißender Musik und Choreografie, die schließlich am Richard-Rodgers-Theater vorgeführt wurde. Wie Rebecca Mead 2015 in ihrem wunderbaren Porträt Mirandas im *New*

Yorker schrieb, war die frühe Version von *In the Heights* »angestaubt« und kreiste um eine klischeehafte Dreiecksgeschichte.[85] Das Stück des Zwanzigjährigen wurde von seinen Kommilitonen nicht gerade bejubelt. Wie Miranda später in einem Interview mit Marc Maron enthüllte, orientierte sich die Kultur an der Wesleyan University mehr am experimentellen Drama. Sein Interesse an klassischen Musikproduktionen ließ ihn in den Augen seiner Kommilitonen etwas merkwürdig erscheinen. »Es war sehr schwer, an der Wesleyan ein Musiktheaterstück zu realisieren«, sagte er.[86] Miranda ließ sein Hip-Hop-Musical ruhen und wandte seine Aufmerksamkeit stattdessen seinem vorrangigen Projekt zu, einer letztlich in Vergessenheit geratenen Produktion mit dem Titel *On Borrowed Time*. Nach dem Universitätsabschluss trat Miranda eine Stelle als Aushilfslehrer an. Sein Vater drängte ihn, Jura zu studieren.

Doch nicht jeder lehnte *In the Heights* ab. Das halbgare Drehbuch war so, wie man es von einem Studienanfänger erwarten mochte, doch die Musik war etwas Besonderes. »Diese Mischung aus Latin und Hip-Hop hatte Potenzial«, erinnert sich Miranda. »Dieser Groove, der hatte was.«[87] Thomas Kail, der an der Wesleyan zwei Jahrgänge über Miranda war, erinnerte sich an *In the Heights*. Kurz nach Mirandas Abschluss trafen die beiden sich, um über das Potenzial des Stücks zu sprechen. Miranda begann, mit Kail an einer Verbesserung der Musik und des Skripts zu arbeiten, wobei Kail inoffiziell die Rolle des Regisseurs für die im Werden begriffene Vorführung übernahm. Bald schloss dieses Duo sich mit zwei weiteren Wesleyan-Absolventen zusammen, John Buffalo Mailer und Neil Stewart, die in New York eine Theatergruppe namens Back House Productions gegründet hatten. Sie begannen, Auszüge aus Mirandas in Entwicklung befindlichem Werk auf der Bühne zu präsentieren.[88]

Das schnelle Feedback auf diese wiederholten Miniaufführungen half Miranda dabei, seine besondere musikalische Stimme zu finden. Das Skript blieb allerdings weiterhin eher flach. Um dieses Problem zu lösen, holten Miranda und Kail eine talentierte junge Bühnenautorin namens Quiara Alegría Hudes in das Projekt, die 2012 einen Pulitzerpreis gewinnen sollte. Im Herbst 2004 reichten sie *In the Heights* bei der National Music Theater Conference ein, einer vom Eugene O'Neill Theater Center in Waterford, Connecticut, organisierten Ausschreibung, die neuen Musiktheaterproduktionen zum Start verhelfen sollte. Ihr Stück wurde ausgewählt, und die Gruppe, zu der nun auch der musikalische Leiter Alex Lacamoire gehörte, zog nach Connecticut, um in Vollzeit an der Ausarbeitung einer ausgereiften Produktion zu arbeiten.

An dieser Stelle nahm *In the Heights* allmählich Fahrt auf. Hudes vereinfachte die Storylines der Figuren und legte den Schwerpunkt auf das Musikfest in der Gegend von Washington Heights, wo das Stück spielt. »Nachdem ich es am O'Neill gesehen hatte, war mir klar, dass die zentrale Liebesgeschichte sich um die Nachbarschaft drehte«, erklärte Kail. Diese Vorführung in Connecticut zog die Aufmerksamkeit professioneller Broadway-Produzenten auf sich, und damit kam auch echte finanzielle Unterstützung. Doch es gab noch viel Arbeit zu tun, bis das Stück endlich bereit war für ein zahlendes Publikum. Erst 2007 – fünf Jahre nachdem Miranda mit Kail ernsthaft an dem Bühnenstück zu arbeiten begonnen hatte und sieben Jahre nach seiner ersten Aufführung an der Wesleyan – schaffte *In the Heights* sein Debüt an einer professionellen Bühne. Noch ein weiteres Jahr dauerte es, bis es an den Broadway ging und Miranda seine Tony Awards gewann.*

Lin-Manuel Mirandas Geschichte ist ein gutes Beispiel für eins der allgemeinen Muster, die wir schon zuvor im Leben großer Wissenschaftler aufgespürt haben: Er nahm sich Zeit. Er ließ zu, dass die kreative Entwicklung seines Stücks sich in den sieben Jahren nach der ersten Aufführung allmählich vollzog. Bestimmt gab es viele Durststrecken in diesem Zeitraum, als Miranda *In the Heights* seine gesamte Aufmerksamkeit widmete. Doch ebenso viele Durststrecken taten sich auch auf, in denen er mit anderen Vorhaben beschäftigt

* Ein paar Monate nach diesen Triumphen lag Miranda bei einem dringend nötigen Urlaub in Mexiko am Pool, konnte sich aber nicht recht entspannen, denn seine Aufmerksamkeit wurde gefesselt von einem dicken Schmöker, den er spontan vor seiner Reise gekauft hatte. Es war eine Biografie von Alexander Hamilton.

war. Während dieser Jahre arbeitete Miranda nicht nur als Lehrer, sondern schrieb auch eine Kolumne und Restaurantkritiken für die *Manhattan Times*. Zudem unternahm er eine internationale Tournee mit einer Impro-Comedy- und Rap-Truppe namens Freestyle Love Supreme, die er gegründet hatte, und half Stephen Sondheim, den er von der Wesleyan kannte, für ein Broadway-Revival der *West Side Story* Texte ins Spanische zu übersetzen.

Die Denkweise der Pseudoproduktivität kommt nicht gut damit zurecht, wenn ausgiebig an einem wichtigen Projekt gearbeitet wird, denn Zeit, die man nicht mit dem unmittelbaren Werkeln an den wichtigsten Ziele verbringt, scheint vergeudete Zeit zu sein. Für einen wahren Anhänger dieser Philosophie der Schnelligkeit wäre es wohl frustrierend gewesen, zu sehen, wie Miranda Anfang der 2000er-Jahre Energie für das Freestyle-Rappen mit Freestyle Love Supreme aufwendete oder Kolumnen für eine kleine Zeitung schrieb – der Inbegriff von vergeudetem Talent. Die Denkweise der Slow Productivity dagegen sieht den Vorteil in einem gemächlicheren Tempo. Häufige Kaltstarts können einem Vorhaben mehr Kreativität einflößen, ein Effekt, den Miranda offenbar genutzt hat mit seinen unregelmäßigen, aber beharrlichen Verbesserungen von *In the Heights*. Das ermöglichte ihm auch, sich sowohl als Kreativer wie auch als Mensch weiterzuentwickeln. Der Studienanfänger Miranda war nicht selbstbewusst, erfahren oder interessant genug, um ein Musical im Broadway-Format zu produzieren. Seine Größe brauchte Zeit, ehe sie sich vollständig entwickeln konnte.

Das zweite Prinzip der Slow Productivity ruft dazu auf, dass Sie Ihre Arbeit in natürlicherer Geschwindigkeit tun. Dieser Vorschlag enthält die erste von drei Ideen, wie sich dieses Ziel erreichen lässt: Folgen Sie dem Beispiel von Lin-Manuel Miranda und nehmen Sie sich ruhig Zeit für wichtige Projekte. Natürlich ist dieses Anliegen nervenaufreibend. Der Grat zwischen Mirandas langsamem, aber kreativem Schaffen und unverblümter Prokrastination ist beängstigend schmal. Es gibt ja einen Grund, warum das hektische Tempo des National Novel Writing Month* so beliebt ist – viele Menschen

---

* Anm. d. Ü.: Ein 1999 in den USA entstandenes Projekt zum kreativen Schreiben. Ziel ist es, ab dem 1. November innerhalb von dreißig Tagen einen Roman mit mindestens 50.000 Wörtern Umfang zu verfassen.

trauen sich selbst nicht zu, an einem fordernden Projekt dranzubleiben, wenn ihr erstes Feuer erloschen ist. Die folgenden konkreten Ratschläge sollen diesen Befürchtungen etwas entgegensetzen. Sie bieten die Struktur dafür, dass Ihre Bemühungen längere Zeit andauern können, und lassen Sie Ihren Antrieb zum Schaffen wichtiger Dinge bewahren, während Sie zugleich dem drängenden Gefühl entgegenwirken, dass es immer noch mehr gäbe, was Sie jetzt gerade tun sollten.

EINEN FÜNFJAHRESPLAN AUFSTELLEN

Die meisten Menschen grenzen ihre Langzeitplanung auf die nächsten paar Monate ein. Sie haben beispielsweise vielleicht das Ziel, bis Ende des Herbstes eine akademische Arbeit zu schreiben und abzugeben, oder Sie wollen im Verlaufe des Sommers ein neues Produkt einführen. Eine Planung in dieser Größenordnung ist sicherlich notwendig, denn ohne sie versinken Sie in oberflächlichen Anforderungen und kommen mit den wichtigen Dingen niemals voran. Ich schlage jedoch vor, auch einen Plan zu entwickeln, der einen größeren Zeitraum umfasst: was Sie in den nächsten ungefähr fünf Jahren erreichen wollen. Die konkrete Wahl von fünf Jahren ist einigermaßen willkürlich. Sie können sie an die Realität Ihrer Situation anpassen: Wenn Sie beispielsweise gerade mit einer vierjährigen Zusatzausbildung begonnen haben, ist ein Vier-Jahres-Plan womöglich sinnvoller. Das Entscheidende an diesem Vorschlag ist jedoch, dass Ihr Zeithorizont zumindest mehrere Jahre umschließen sollte.

Um das alles besser nachvollziehbar zu machen, stelle ich mich selbst als Fallstudie zur Verfügung. Als ich mit dem Doktorandenstudium der Computerwissenschaften am MIT begann, hatte ich gerade das Manuskript für mein erstes Buch bei Random House abgegeben. Ich wusste, dass ich neben meiner akademischen Karriere auch Autor sein wollte, aber ich wusste ebenfalls, dass die unmittelbaren Anforderungen des MIT mich von diesem Ziel abhalten würden, wenn ich sie nicht kontrollierte. Daher arbeitete ich eine Vision aus, wie ich mir die Entwicklung der nächsten fünf Jahre vorstellte. Ich beschloss, dass ich einen Weg finden würde, um auch als Doktorand weiterhin Bücher zu veröffentlichen. Ich wollte das MIT als etablierter Autor und mit zahlreichen Titeln vor meinem Namen verlassen, selbst wenn mich bis dahin Phasen von Stress und Ungewissheit begleiten würden.

Dieser langfristige Plan ließ mich immer wieder zu meinen Schreibzielen zurückkehren. Ebenso wichtig war jedoch, dass er mir den notwendigen Freiraum gab, um damit zurechtzukommen, wenn ich keine unmittelbaren Fortschritte erzielte. Da meine Vision den Zeitraum mehrerer Jahre umfasste, konnte ich hektische Phasen ertragen, in denen die akademischen Anforderungen mir kaum Zeit zum Schreiben ließen. Ich konnte auch längere Zeiträume zwischen den Büchern aushalten, in denen ich mir die Frage stellte, was ich als Nächstes schreiben wollte. In den vier Jahren zwischen meinem zweiten und meinem dritten Buch experimentierte ich beispielsweise mit neuen Stilrichtungen, sowohl in meinem Blog als auch bei freiberuflichen Schreibaufträgen. Ich versuchte langsam und sorgfältig, die Grundlagen zu schaffen für einen Wandel vom Autor von Studienratgebern, als der ich erfolgreich war, hin zum Verfasser von Büchern über ernsthaftere Ideen, als der ich mich noch nicht hervorgetan hatte. Mein langfristiger Plan ermöglichte es mir, diese langsamere Entwicklung als Autor zu akzeptieren. Ich konnte mich vorantasten, ohne das Gefühl zu haben, dass ich aufgegeben hätte. Ich wollte viele Bücher schreiben, ehe ich meinen Abschluss machte, aber es gab viele gewundene Pfade, die mich an dieses Ziel bringen würden.

Die Vorstellung, dass es Ihnen beim Verlangsamen helfen kann, *noch mehr* Pläne für Ihr Leben zu schmieden, mag paradox erscheinen. Doch das Magische daran ist, dass diese Strategie den Zeitmaßstab erweitert, mit dem Sie Ihre Produktivität vorantreiben. Lin-Manuel Miranda brütete in den Jahren direkt nach seinem Abschluss an der Wesleyan nicht kontinuierlich über *In the Heights*, aber er kam immer und immer wieder darauf zurück, bis sich etwas Beachtliches daraus entwickelte. Dieses langsame, aber stetige Vorgehen war nur im Kontext einer langfristigen Vision möglich.

PROJEKTFRISTEN VERDOPPELN

Wir kommen nun von den Mehrjahresplänen zur Neuaufstellung Ihrer Arbeitsorganisation für die nächsten Monate. In diesem Quartalsmaßstab planen Sie für gewöhnlich entweder ganze Projekte, zum Beispiel das Erstellen einer neuen Website, oder Meilensteine von größeren Vorhaben, zum Beispiel das Beenden der ersten drei Kapitel eines Buches. Ihre Ziele in dieser Größenordnung haben maßgeblichen Einfluss auf die Geschwindigkeit, mit der Sie arbeiten. Wenn Sie zu ehrgeizig sind, bleibt Ihre Intensität stets auf einem hohen Niveau, während Sie sich abmühen, Ihre Ziele zu erreichen. Geben Sie sich stattdessen mehr als genug Zeit für die Umsetzung Ihrer Vorhaben, kann das Tempo Ihrer Arbeit einen natürlicheren Rhythmus annehmen. Eine einfache Heuristik, um das Letztere zu erreichen, ist die folgende: Nehmen Sie die Fristen, die Sie zunächst als angemessen für anstehende Projekte einschätzen, und *verdoppeln* Sie sie dann. Wenn Ihr Instinkt Ihnen beispielsweise zunächst rät, zwei Wochen für das Erstellen einer neuen Website zu veranschlagen, überarbeiten Sie diese Zielsetzung und räumen Sie sich einen ganzen Monat dafür ein. Und wenn Sie es für machbar halten, zwischen September und Dezember vier Kapitel eines Buches zu schreiben, dann verändern Sie diesen Plan dahingehend, dass Sie nur zwei fertigstellen müssen.

Eine Tatsache bei der persönlichen Produktivität ist, dass der Mensch nicht besonders gut darin ist, die für kognitive Vorhaben benötigte Zeit zu schätzen. Wir sind darauf gepolt, die Anforderungen greifbarer Leistungen zu verstehen, zum Beispiel das Herstellen einer Axt oder das Sammeln von essbaren Pflanzen. Wenn es um die Planung von Bestrebungen geht, für die uns die körperliche Intuition fehlt, raten wir eher, als dass wir etwas Genaues sagen können, und daher neigen wir bei der Abschätzung der benötigten Zeit zu Best-Case-Szenarios. Anscheinend suchen wir den Kick, der sich durch überaus ambitionierte Deadlines bei unserer Planung ergibt: »Wow, wenn ich in diesem Herbst vier Kapitel schaffe, wäre ich meinem Zeitplan sogar voraus!« Im Moment fühlt sich das gut an, aber an den darauffolgenden Tagen sorgt es für Mühsal und Enttäuschung.

Indem Sie durch die Verdoppelung dieser ursprünglichen Schätzung eine Pufferstrategie verfolgen, können Sie dem instinktiven, ungerechtfertigten Optimismus etwas entgegensetzen. Das Ergebnis: Pläne, die mit gelassenerem Tempo umgesetzt werden können. Die Sorge ist dabei natürlich, dass Sie durch die Verdoppelung der Fristen Ihre Leistungen drastisch reduzieren.

Doch Ihre ursprünglichen Pläne waren ja von Anfang an gar nicht realistisch oder durchführbar. Eine zentrale These der Slow Productivity ist, dass große Errungenschaften über das stetige Erzielen bescheidener Ergebnisse verwirklicht werden. Dieser Weg ist lang. Passen Sie Ihre Geschwindigkeit an.

DEN ARBEITSTAG VEREINFACHEN

Nun wenden wir uns endlich der kleinsten Einheit zu, die für unsere Diskussion des Mehr-Zeit-Nehmens relevant ist: dem individuellen Tag. Einer der zentralen Vorzüge der Verlangsamung Ihres Rhythmus ist, dass diese Sie von der Notwendigkeit entbindet, jeden Tag mit besessener Intensität anzugehen. Um jedoch diesen Vorteil zu nutzen, müssen Sie Ihre Tagesplanung vereinfachen. Es nützt nicht viel, wenn Sie Ihre Quartals- und Langzeitpläne herunterfahren und dann trotzdem jede Stunde des laufenden Tages mit mehr Arbeit füllen, als Sie schaffen können. Alle drei Zeitrahmen müssen gemeinsam unter Kontrolle gebracht werden. Um sich vernünftigere Arbeitstage zu gestalten, habe ich zwei Vorschläge: Erstens, verringern Sie die Anzahl der eingeplanten Aufgaben, und zweitens, verringern Sie die Zahl von Terminen in Ihrem Kalender. Mit anderen Worten, reduzieren Sie, was Sie zu erreichen planen, und geben Sie sich selbst dann die volle dafür benötigte Zeit.

Der erste Vorschlag ist einfach umzusetzen: Kürzen Sie die Aufgabenliste für einen beliebigen Tag um circa 25 bis 50 Prozent. Wie bereits erwähnt, ist der Mensch überaus optimistisch bei der Einschätzung dessen, wie viel Zeit kognitive Leistungen erfordern. Pauschale Reduktionsregeln wie die Verringerung Ihrer ursprünglichen Aufgaben um ein Viertel widersprechen dieser Tendenz. Wenn es um die Eindämmung von Terminen geht, kann eine gute Zielsetzung lauten, nicht mehr als die Hälfte der Stunden eines Tages für Meetings oder Besprechungen aufzuwenden. Die einfachste Methode, dies zu erreichen, ist es, bestimmte Stunden für geschützt zu erklären (zum Beispiel keine Meetings vor zwölf Uhr mittags). In einigen Bürokontexten kann es natürlich schwierig sein, mit derart strengen Regeln durchzukommen. (»Was soll das heißen, Sie nehmen vormittags nicht an Meetings teil? Ich kann eben nur dann!«) Eine subtilere Alternative ist stattdessen die Umsetzung einer »Geben-und-nehmen«-Strategie. Jedes Mal, wenn Sie an einem bestimmten Tag ein Meeting in Ihren Kalender eintragen, suchen Sie sich an diesem Tag einen gleich langen Zeitraum, den Sie schützen. Wenn ich am Dienstag dreißig Minuten für eine Besprechung einplane, suche ich mir weitere dreißig Minuten an diesem Tag, die ich in meinem Kalender für mich blockiere. Beginnt also ein Tag, sich mit Terminen zu füllen, so füllt er sich zugleich auch mit geschützten Zeitblöcken, und das macht es immer schwieriger, etwas Neues hinzuzufügen. An keinem Tag kann dann mehr als die Hälfte der Zeit für Meetings oder Besprechungen draufgehen. Gleichzeitig ist dieses Vorgehen jedoch flexibler, als einfach bestimmte Stunden für unantastbar zu erklären. Im Ergebnis werden Sie Ihren Kollegen nicht ganz so unnachgiebig vorkommen.

Natürlich sollen diese Strategien nicht ausnahmslos auf jeden Tag angewandt werden. Eine Vorstellung, auf die wir später in diesem Kapitel noch näher eingehen werden, besagt, dass zum Arbeiten in natürlicher Geschwindigkeit immer noch Zeiten intensiver Hektik und Mühe gehören. Mit anderen Worten, es wird Tage geben, an denen Sie von einem Meeting zum nächsten eilen, weil Sie versuchen, einen wichtigen Abschluss unter Dach und Fach zu bringen, oder weil Sie mit einer unerwarteten Krise umgehen müssen. Es mag auch Tage geben, an denen jede Minute mit kurzfristigen Aufgaben gefüllt werden muss. Doch wenn Sie sich diese Heuristik der Tagesplanung als Standardprozedere vorstellen, das wann immer möglich zur Anwendung kommt, sorgen Sie dafür, dass die unvermeidlichen Intensitätsspitzen von gemächlicheren Zeiten gefolgt werden.

In Ihrem Porträt von Lin-Manuel Miranda spricht Rebecca Mead von diesem »gehetzten Ausdruck« und den »müden Augenringen« in den Wochen vor dem Off-Broadway-Debüt von *Hamilton.* Sie beschreibt jedoch auch den Zeitraum vor diesen letzten Vorbereitungen, als Miranda noch viele der Musiknummern des Musicals komponierte. Mead schildert, wie Miranda lange, ziellose Spaziergänge mit seinem Hund durch die Straßen von New York unternahm, sich über Kopfhörer die Hintergrundmusik für einen neuen Song in Dauerschleife anhörte und darauf wartete, dass ihn die melodische Inspiration träfe. Eine Phase, in der Miranda sich Zeit nahm.

SICH SELBST VERZEIHEN

Ein wichtiger Schlusspunkt für diese Ausführungen zum Sich-Zeit-Nehmen ist es, sich der psychologischen Gefahren bewusst zu werden. Das Planen von Arbeit ist schwierig. Besonders, wenn es um komplizierte Projekte geht. Manchmal lassen Sie etwas vielleicht zu lange schleifen: Sie verpassen Deadlines oder Gelegenheiten; Sie erkennen, dass Sie hinter Ihrer Vision zurückbleiben; Sie haben sich vorgestellt, Sie wären Lin-Manuel Miranda, der allmählich ein Meisterwerk hervorbringt, aber dann erkennen Sie eines Tages, dass Sie einfach nur prokrastiniert haben. Die Verlockung ist groß, auf solche Zeiten der mangelnden Produktivität zu reagieren, indem man sich mit übertriebener Geschäftigkeit bestraft. Wenn Sie erschöpft sind, so sagen Sie sich, kann niemand Sie der Faulheit bezichtigen.

Ich möchte mich gegen diese Reaktion aussprechen. Sie ist nicht nur unhaltbar, sondern bringt Sie auch langfristig kein bisschen voran im Hinblick auf bedeutsame Arbeit. Es ist in Ordnung, wenn Ihr Bestreben, sich Zeit zu nehmen, Sie gelegentlich von Ihrem gewählten Weg abbringt. Das passiert jedem, der jemals versucht hat, etwas Wichtiges zu erreichen. Gelegentlich auch Lin-Manuel Miranda. (Wir wissen um seinen großen Erfolg, aber nur wenig darüber, was ich mir nur als umfangreiches Portfolio von Projekten vorstellen kann, die er in einem Aufwallen kreativer Energie angefangen, jedoch nie zu Ende geführt hat.) Dieser Aspekt des Arbeitens mit natürlicher Geschwindigkeit ist schwer zu akzeptieren, und ab und zu werden Sie enttäuscht sein. Doch die menschliche Reaktion auf diese Realität ist offensichtlich: Verzeihen Sie sich selbst. Und dann fragen Sie sich: »Was kommt als Nächstes?« Der Schlüssel zu bedeutsamer Arbeit liegt in der Entscheidung, immer wieder zu den Vorhaben zurückzukehren, die Ihnen wichtig sind. Nicht darin, immer alles richtig zu machen.

Vorschlag: Saisonabhängigkeit akzeptieren

Georgia O'Keeffes Berufsleben hatte einen betriebsamen Auftakt. Im Jahr 1908 ging der Achtundzwanzigjährigen, die während ihres Studiums sowohl am Art Institute of Chicago als auch an der Art Students League in New York mit Preisen ausgezeichnet worden war, das Geld aus, sodass sie in Chicago eine Stelle als kommerzielle Künstlerin annehmen musste. Mit ihrer Familie zog sie 1910 nach Virginia und begann, an verschiedenen Einrichtungen Kunst zu unterrichten. Zwischen 1912 und 1914 zog sie weiter westwärts und arbeitete als Kunstlehrerin an öffentlichen Schulen in der staubigen Stadt Amarillo, gelegen im Texas Panhandle. Während der Sommermonate kehrte sie als Dozentin ans Teachers College der Columbia University in den Osten zurück und belegte gleichzeitig Seminare an der University of Virginia. Bis 1915 übte sie eine Lehrtätigkeit am Columbia College in South Carolina aus. Dann ging sie wieder nach New York ans Teachers College. Im Jahr 1916 wurde sie Vorsitzende des Fachbereichs Kunst am West Texas State Normal College im texanischen Canyon.[89]

Es ist sogar schon ermüdend, sich O'Keeffes Lebenslauf während dieses Zeitraums nur anzuhören. All das selbst zu erleben, muss geradezu erschöpfend gewesen sein. Irgendwie schaffte es O'Keeffe im Auf und Ab dieser mühsamen Jahre, sich weiter fortzubilden und ihren abstrakten künstlerischen Stil weiterzuentwickeln, aber das Streben danach war nicht einfach. Sie machte lange Pausen von der Kunst, darunter auch eine zu Beginn ihrer Laufbahn, die fast vier Jahre dauerte. Es war klar, dass sich etwas an diesem übervollen Leben ändern musste, ehe O'Keeffe ihr umwerfendes künstlerisches Potenzial freisetzen konnte. Zum Glück trat diese Veränderung 1918 endlich ein, und zwar in Form eines weitläufigen ländlichen Anwesens in der südlichen Spitze der Adirondack Mountains, am Westufer des Lake George.

Das Land gehörte der Familie von Alfred Stieglitz, einem angesehen Fotografen und Eigentümer der einflussreichen Galerie 291 in New York. Stieglitz lernte O'Keeffe kennen, nachdem er in seiner Galerie eine Auswahl ihrer innovativen Kohlezeichnungen ausgestellt hatte. Eine Freundschaft entwickelte sich, die sich in Liebe verwandelte und letztlich zur Heirat führte. Stieglitz' Familie hatte ihr Anwesen am Lake George, das sie Oaklawn nannten, in den 1880er-Jahren erworben. In seiner Jugend hatte Alfred die Sommer auf Oaklawn verbracht. »Der See ist vielleicht mein ältester Freund«, schrieb er einmal. »Himmel! Was für Tage & Nächte wir gemeinsam hatten.

Ruhige, wunderbare Stunden. Verrückte, regungslose. – Traumstunden. – Stunden & Tage stillen Staunens.«[90]

Stieglitz freute sich darauf, O'Keeffe mit diesen »Tagen stillen Staunens« bekannt zu machen. Ab 1918 begann er, sie im Sommer auf das Familienanwesen mitzubringen. Die ersten beiden Jahre wohnten sie im stattlichen Herrenhaus, doch nachdem die Stieglitz-Familie dieses Grundstück verkauft hatte, wechselten sie in ein bescheideneres Bauernhaus auf einem nahe gelegenen Hügel. Hier fand O'Keeffe den Raum, ihre Kreativität vollends zu entfalten. Sie entwickelte ein pastorales Ritual, bei dem sie jeden Morgen zu Fuß nach Lake George Village lief, um die Post abzuholen. Manchmal erweiterte sie diese Spaziergänge um den zwei Meilen langen Weg zum Prospect Mountain, der sie mit einem herrlichen Blick auf die Dampfer belohnte, die den See überquerten.

Vor allem aber malte sie. Zwischen 1918 und 1934 schuf O'Keeffe über zweihundert Gemälde sowie zahlreiche Skizzen und Pastellzeichnungen, zum größten Teil in ihrem »Schuppen«, einem Nebengebäude der Farm, das sie in ein Atelier verwandelt hatte. Sie ließ sich inspirieren von der Landschaft um sie herum und hielt sowohl große Panoramen des Sees und der ihn umgebenden Berge fest als auch Detailstudien von Bäumen und Blumen. Im Herbst brachte sie ihre Leinwände von den Adirondacks zurück in die Stadt, um sie fertig- und auszustellen. Ihre von der Natur inspirierten Abstraktionen wurden gefeiert, und O'Keeffe wurde zu einer Berühmtheit der Kunstwelt. Die Jahre am Lake George gelten als die produktivste Phase ihrer Karriere.[91]

Diese *saisonale* Arbeitsweise, bei der man die Intensität und den Schwerpunkt seiner Tätigkeiten über das Jahr hinweg variiert, findet bei vielen Anklang, die damit in Berührung kommen. Es kommt einem ganz selbstverständlich vor, dass O'Keeffe sich im Sommer an den Lake George zurückzog, wo sie langsam ihre Kreativität freisetzen konnte, ehe sie im Herbst zu ihrem hektischeren Leben in der Stadt zurückkehrte. Das gilt auch für die Saisonalität, der wir bei unseren früheren Ausführungen über die großen Wissenschaftler begegnet sind: Isaac Newton, der im ländlichen Lincolnshire über die Schwerkraft nachsann zum Beispiel, oder Marie Curie, die in Frankreich auf dem Lande wieder Kräfte sammelte. Gegenwärtig ist eine berufliche Saisonalität dieser Art rar geworden, besonders in der Wissensarbeit. Mit Ausnahme einiger Vollzeitkünstler und -schriftsteller, die so wie O'Keeffe ihre Kreativität in sommerlichen Rückzugsorten ausschöpfen können, und Lehrkräften, die nach einem akademischen Kalender arbeiten, sitzen die meisten Menschen, die ihren Lebensunterhalt mit Computerarbeit erwirtschaften, zwölf Monate im Jahr mit kaum variierender Intensität an ihren Tastaturen.

Doch dass O'Keeffes Zeitplanung uns aktuell exotisch vorkommt, sollte nicht die Tatsache verbergen, dass der Sonderfall hier *unsere* unveränderliche Arbeitsweise ist. Wie weiter oben schon erwähnt: Während eines Großteils der bekannten Menschheitsgeschichte war das Arbeitsleben der allermeisten Menschen auf Erden mit der Landwirtschaft verknüpft, einer (im wahrsten Sinne des Wortes) saisonalen Aktivität. Das ganze Jahr ohne Veränderungen oder Ruhephasen zu arbeiten, wäre den meisten unserer Vorfahren ungewöhnlich erschienen. Die Saisonalität war tief in der menschlichen Erfahrungswelt verankert.

Dieser Vorschlag besagt, dass es nicht so sein muss. Saisonalität mag unmöglich sein in einem Umfeld wie der industriellen Produktion, doch Wissensarbeit ist wesentlich flexibler. Wer in Büros statt in Fabriken arbeitet, hat mehr Möglichkeiten, als man sich zunächst vorstellen kann, die eigene Beziehung zur Arbeit im Verlaufe des Jahres zu variieren. Das Entscheidende ist, zu erkennen, dass man keinen Zugang zu einem ländlichen Fünfzehn-Hektar-Anwesen am See haben muss, um eine wohltuende Saisonalität zu kultivieren. Die folgenden konkreten Strategien sollen jenen mit den üblichen zeitgenössischen Berufen (also nicht den finanziell unabhängigen Künstlern des frühen 20. Jahrhunderts) dabei helfen, wenigstens zu einem bestimmten Grad eine natürliche Variation ihrer beruflichen Tätigkeit zurückzuerlangen.

LANGSAME PHASEN EINPLANEN

Als ich im Juli 2022 intensiv mit der ersten Arbeit an diesem Buch beschäftigt war, ging ein entscheidender Trend viral. Es fing an mit einem TikTok-Nutzer namens @ZKChillen, der ein siebzehnsekündiges Video postete, das mit leiser Klaviermusik hinterlegte Szenen von New York City zeigt: eine U-Bahn, eine Straße in der Innenstadt, eine Straße mit Wohnhäusern und dann, aus irgendeinem Grund, die Seifenblasenmaschine eines Kindes.[92] »Ich habe neulich von dieser inneren Kündigung gehört«, beginnt der Erzähler, »also wo man nicht seine Stelle kündigt, aber sich von der Vorstellung verabschiedet, dass man mit seiner Arbeit hoch- und weiterkommt.« Er weist daraufhin die Überzeugung der »Stresskultur« zurück, dass die Arbeit das Leben sei. »Tatsächlich ist sie das nicht«, schließt er. »Und dein Wert als Mensch wird nicht von deiner Arbeit bestimmt.«

Als das ursprüngliche Video von @ZKChillen immer mehr Aufmerksamkeit erhielt, folgten weitere TikTok-Videos, in denen meist junge Erzähler eigene ernste Erklärungen darüber abgaben, wie sie die innere Kündigung willkommen heißen. Wie zu erwarten griff die traditionelle Presse den Trend bald auf. Anfang August erschien im *Guardian* ein Artikel mit einer Unterüberschrift, die sich durch ihren entspannten Nihilismus auszeichnet: »Die Sinnlosigkeit moderner Arbeit – und der Pandemie – lässt viele ihre Arbeitsauffassung infrage stellen.«[93] Ein paar Wochen später folgten *The New York Times*[94] und *NPR*[95] mit ähnlichen Artikeln. Selbst Kevin O'Leary von *Shark Tank** schaltete sich ein. (Falls es Sie interessiert, er hält die innere Kündigung für eine »echt schlechte Idee«.[96])

Wie das bei Internettrends nun mal so ist, löste die Bewegung der inneren Kündigung schließlich eine Welle des Widerspruchs und der reaktionären Kritik aus. Die Abteilung »Diese Jugend von heute« verspottete die düsteren TikTok-Erklärungen. Jemandes Wert als Mensch mag nicht von seiner Arbeit bestimmt werden, merkten sie an, aber sein Gehalt als Angestellter schon. Andere empfanden die Idee als unnötig passiv-aggressiv. Wer mit seinem Job unzufrieden ist, sagten sie, solle doch mit seinem Chef sprechen; die innere Kündigung entlasse ihn lediglich aus der Verantwortung, die er für die Bereitstellung eines dysfunktionalen Arbeitsplatzes eigentlich trage. Bald traten auch die Onlineaktivisten auf den Plan und klagten die

* Anm. d. Ü.: *Shark Tank*, wörtlich: »Haifischbecken«, ist eine US-amerikanische Business-Reality-Show, bei der Gründer um die Gunst von Investoren werben. Das deutschsprachige Äquivalent läuft unter dem Titel *Die Höhle der Löwen*.

ursprünglichen Verfasser von Postings an, sie würden nicht genügend berücksichtigen, dass es manchen Gruppen nun mal schwerer falle als anderen, ihre Ratschläge umzusetzen. Wie zu erwarten versuchte die Linke der alten Schule, noch einen obendraufzusetzen, indem sie erklärte, *jede* Diskussion dieses Themas sei für sich genommen eine bourgeoise Nutzlosigkeit, denn die einzig wahre Reaktion auf dieses Problem sei die Zerschlagung des Kapitalismus.[97]

Wenn wir einmal all dieses digitale Getöse beiseitelassen, so steht im Zentrum der inneren Kündigung eine pragmatische Beobachtung: Sie haben mehr Kontrolle über die Intensität Ihrer Arbeitsbelastung, als Sie glauben. Die Taktik der inneren Kündiger ist geradlinig. Sie schlagen zum Beispiel vor, keine freiwilligen Sonderaufgaben zu übernehmen, pünktlich um fünf Feierabend zu machen, ohne Umschweife Nein zu sagen und gegen die Erwartung vorzugehen, jederzeit per E-Mail oder Chat erreichbar zu sein. Wie zahlreiche innere Kündiger berichten, können diese kleinen Veränderungen bereits einen großen Einfluss auf die psychologische Wirkung Ihrer Arbeitsbelastung haben. Das hat mich nachdenklich gemacht. Was, wenn wir aufhörten, das innere Kündigen als allgemeine Reaktion auf die »Sinnlosigkeit der Arbeit« zu postulieren, und es stattdessen als konkrete Strategie zum Erreichen von Saisonalität betrachteten? Wie wäre es beispielsweise, wenn Sie sich entschlössen, jedes Jahr für einen *einzigen konkreten Zeitraum* innerlich zu kündigen: vielleicht Juli und August oder diese zerfledderte Phase ab der Adventszeit bis Neujahr? Sie müssten ja kein großes Aufhebens um diese Entscheidung machen. Sie würden es einfach, um es mal so zu sagen, *innerlich* umsetzen, ehe sie ohne viel Aufhebens zu einem normalen Arbeitstempo zurückkehren.

Damit diese Idee funktioniert, sollten Sie es möglichst so einrichten, dass wichtige Projekte abgeschlossen sind, ehe Ihre simulierte Auszeit beginnt, und mit dem Auftakt neuer großer Projekte sollten Sie dann warten, bis sie vorüber ist. Eine fortgeschrittene Taktik ist es, während dieses Zeitraums ein äußerst sichtbares, aber wenig bedeutsames Projekt zu übernehmen, das Sie nutzen können, um sich vorübergehend vor neuen Aufgaben abzuschirmen: »Ich leite dieses interne Prüfprojekt sehr gerne, aber in diesem Monat bin ich wirklich ganz darauf konzentriert, die neue Marketing-Software zu beherrschen, also lassen Sie uns lieber noch bis zum neuen Jahr warten, ehe wir damit anfangen.« Wichtig ist, ein Abschirmprojekt zu wählen, das für sich genommen nicht allzu viel Zusammenarbeit, Meetings oder dringliche Nachrichten erfordert. Allein durchgeführte Schreib- oder Forschungsprojekte eignen sich dafür gut.

Wenn Sie für sich allein arbeiten, ist es natürlich noch einfacher, ruhige Phasen einzuplanen, denn Sie müssen sich keine Sorgen darüber machen, wie Sie Ihr Vorhaben verschleiern. Wie ich später noch ausführen werde, können Selbstständige in ihrer Saisonalität sogar noch weiter gehen. Fürs Erste ist jedoch die zentrale Feststellung hinter diesem Ratschlag, dass es in den meisten Umgebungen der Wissensarbeit möglich ist, des Öfteren für einige Monate heimlich das Tempo zu drosseln, ohne dass wesentliche Konsequenzen drohen. Es mag einem Chef auffallen, wenn Sie *immer* Projekte ablehnen, und ein Kunde ärgert sich vielleicht, wenn Sie *kaum jemals* zur Verfügung stehen, um neue Tätigkeiten zu übernehmen, aber einen oder zwei Monate mit vergleichsweise geringerer Geschwindigkeit wird vermutlich niemand bemerken. Diese Strategie mag nicht so dramatisch sein wie Georgia O'Keeffes müßige Sommer am Lake George, aber jegliche längere Entlastung dieser Art, selbst die heimliche, kann sich maßgeblich auf die Zukunftsfähigkeit Ihres Erwerbslebens auswirken.

EIN KÜRZERES ARBEITSJAHR FESTLEGEN

Ian Fleming, der Romanautor, der später die Spionagethriller um James Bond schreiben sollte, nahm nach dem Zweiten Weltkrieg eine Stelle bei Kemsley Newspapers an, einem britischen Medienunternehmen, das vor allem dafür bekannt war, dass ihm die *Sunday Times* gehörte. Fleming wurde als Leiter der Auslandsabteilung eingestellt, das heißt, er trug die Verantwortung für das umfassende Netzwerk an Auslandskorrespondenten der Unternehmensgruppe. Aufgrund seiner Tätigkeit bei der British Naval Intelligence war er für diese Arbeit gut qualifiziert – eine Position, die ihn während des Krieges die ganze Welt hatte bereisen lassen. Was jedoch daran für unsere Zwecke von Interesse ist, sind weniger die Details von Flemings neuer Tätigkeit als vielmehr der Vertrag, den er bei Stellenantritt unterzeichnete. Fleming schloss mit Kemsley eine Vereinbarung, nach der er nur zehn Monate im Jahr zu arbeiten hatte. Die anderen beiden Monate nahm er als Jahresurlaub in Anspruch.

Die Motivation für dieses unübliche Abkommen ging zurück auf das Jahr 1942, als Fleming, damals vierunddreißig Jahre und im Range eines Commanders, als Teil der Operation Golden Eye nach Jamaika entsandt wurde, um potenzielle deutsche U-Boot-Aktivitäten in der Karibik zu untersuchen. Fleming verliebte sich in die Stille und die Schönheit der Insel und schwor sich, dass er nach dem Ende des Krieges hierher zurückkehren würde. Seine Chance, dieses Versprechen einzulösen, ergab sich 1946, als er von einem sechs Hektar großen Grundstück in der Nähe der kleinen Hafenstadt Oracabessa Bay hörte, das gerade zum Verkauf stand. Es war nichts Herausragendes. Das Grundstück, eine ehemalige Eselrennbahn, lag auf einer flachen Landzunge und war von tropischem Gestrüpp überwuchert. Doch Fleming erkannte das Potenzial. Er telegrafierte seinem Agenten, das Land zu kaufen, dann ließ er darauf ein bescheidenes einstöckiges Haus mit Betonböden und nur eingeschränkt funktionsfähigen Rohrleitungen errichten. »Die Fenster zum Meer hinaus sind unverglast«, erklärte der Reiseschriftsteller Patrick Leigh Fermor, der Flemings neues Heim kurz nach seiner Errichtung besuchte, »aber mit außen angebrachten Läden versehen, die gegen Regen schützen: Riesige Vierecke … zähmen die Elemente sozusagen zu einem sich ständig wandelnden Fresko, dessen man nie überdrüssig wird.«[98] Zu Ehren seiner Inspiration nannte Fleming sein wackliges Herrenhäuschen Goldeneye.

Deshalb erbat Fleming in seinem Vertrag zwei Monate Urlaub. In Erfüllung seines Versprechens, das er sich im Krieg selbst gegeben hatte, konnte er nun alljährlich dem scheußlichen Londoner Winter entgehen und in der bewussten Langsamkeit des Lebens in Goldeneye schwelgen. Anfangs waren Flemings Auszeiten rein hedonistischer Natur. Wenn er auf der Insel war, ging er morgens in der Bucht unterhalb seines Hauses schnorcheln und wandte seine Aufmerksamkeit dann dem Alkohol zu – die mit der Entschlossenheit der britischen Upperclass festgelegte Entschädigung für die Düsternis seiner Kriegserlebnisse. Doch auf Drängen seiner neuen Ehefrau Ann Charteris begann Fleming 1952 zu schreiben, während er in Jamaika Urlaub machte. Sie war der Meinung, diese Aktivität könnte ihn von den Belastungen seines Privatlebens ablenken.* In jenem Winter schrieb er einen Entwurf für *Casino Royale*, den ersten James-Bond-Roman. Er schrieb noch ein Dutzend weitere und folgte dabei immer demselben allgemeinen Ritual: Entwicklung des Plots für den neuen Roman im Herbst in London, Schreiben eines vollständigen ersten Entwurfs in Goldeneye im natürlichen Licht der jamaikanischen Morgensonne und dann, nach seiner Heimreise im Frühjahr, letzte Überarbeitungen vor der Veröffentlichung.

Diese Geschichten über zeitweise Rückzüge sind von einer Romantik umwoben, die sowohl enorm reizvoll wie auch frustrierend unerreichbar sein kann. Unter der tropischen Sonne des karibischen Winters fand Fleming die Inspiration, um einen der langlebigsten Charaktere der modernen Unterhaltungsliteratur zu schaffen, so wie Georgia O'Keeffe ihren besonderen künstlerischen Stil in den südlichen Adirondacks entdeckte. Wir stellen uns eine ähnliche Erleichterung und kreative Schaffenskraft vor, wenn wir nur eine Möglichkeit finden könnten, alljährlich für längere Zeit unserem normalen Berufsalltag zu entkommen. Doch was für jemanden wie Fleming im Nachkriegsengland einfach war, wirkt schier unerreichbar weit entfernt von der Realität der meisten Menschen, die sich in der Wissensarbeit des 21. Jahrhunderts abrackern. Unsere einzige Option scheint jene simulierte Saisonalität zu sein, wie sie die vorherige Strategie beschrieben hat. Das ist natürlich besser als nichts, aber nicht annähernd so großartig wie ein Rückzug ans Meer.

Doch ist das Fleming-Modell heutzutage wirklich so unvorstellbar? Denken Sie an das Beispiel von Jenny Blake, die ich im Kapitel »Weniger tun« vorgestellt habe. Wie Fleming nimmt auch Blake sich alljährlich zwei Monate frei von ihrer normalen Arbeit. Anders als Fleming musste sie jedoch keinen privilegierten sozialen Status nutzen, um von ihrem Arbeitgeber be-

* Die konkrete Belastung war die Tatsache, dass er beschlossen hatte, seine Geliebte zu heiraten, nachdem sie schwanger geworden war. Der Gedanke an Ehe und Vaterschaft jagte Fleming Angst ein, und das brachte seine neue Ehefrau dazu, das Schreiben als Mittel der Ablenkung zu empfehlen. Womit ich sagen will, dass Ian Fleming nicht unbedingt ein Mensch ist, der als Muster an Charakterfestigkeit oder Moral gelten darf.

günstigt zu werden. Sie führt ihr eigenes bescheidenes Geschäft für unternehmensinterne Schulungen und gestaltet ihre Verpflichtungen einfach so, dass zwei Monate im Jahr frei bleiben. Natürlich mindert das ihr Einkommen, aber als wir über ihr Konzept sprachen, erklärte mir Blake, ihr Ziel sei nicht das Maximieren des Gewinns, sondern das Maximieren ihrer Lebensqualität. Die Anpassung ihres Budgets, um mit rund 20 Prozent weniger Einkommen pro Jahr zu überleben, war ein überaus fairer Tausch gegen die Vorteile einer jährlichen längeren Auszeit.

Der Schriftsteller Andrew Sullivan folgt einem ähnlichen Modell. Jeden August kehrt er dem schwülen Washington den Rücken und fährt in ein idyllisches Cottage im Queen-Anne-Stil nahe dem Strand von Provincetown an der Nordspitze von Cape Cod. Der ehemalige Herausgeber von *The New Republic* bestreitet seinen Lebensunterhalt inzwischen fast vollständig durch die Abonnements seines über die Plattform Substack angebotenen E-Mail-Newsletters. In der Theorie ist eine alljährliche Sommerauszeit nicht optimal für jemanden, der von seinem Publikum eine monatliche Gebühr für seine Texte verlangt, doch seinen Abonnenten scheint das nichts auszumachen. Sullivan postet normalerweise einen mittsommerlichen Essay über seinen bevorstehenden Urlaub, oft voller enthusiastischer Vorfreude. Einige Wochen später kehrt er dann mit neuer Energie zurück, sehr zu seiner eigenen Zufriedenheit und der seiner Leserinnen und Leser.

Andere, die ebenfalls das Fleming-Modell anwenden, tun dies weniger regelmäßig als Blake oder Sullivan. In meinem Buch *So Good They Can't Ignore You* von 2012 habe ich beispielsweise eine freiberufliche Datenbankentwicklerin namens Lulu Young porträtiert, deren Pausen eher improvisiert waren. Zwischen großen Projekten nahm sie sich oft mehrere Wochen Zeit, um zu reisen oder ein neues Hobby zu verfolgen. Als ich für mein Buch mit ihr sprach, hatte sie gerade erst eine dieser Lücken genutzt, um Tauchen zu lernen, einen Pilotenschein zu machen und eine sechswöchige Reise nach Thailand zu unternehmen, wo sie ihre erweiterte Familie besuchte. Zwischen diesen großen Abenteuern hatte sie aber auch Spaß daran, einfach mal einen oder zwei Tage blauzumachen, wenn ihr danach war. »An solchen Tagen schnappe ich mir oft eine Nichte oder einen Neffen, und dann machen wir es uns schön«, erzählte sie mir. »Ich war wahrscheinlich häufiger im Kindermuseum und im Zoo als jeder andere hier in der Stadt.«[99]

Für jene, die ganz normale Bürojobs mit Chefs und festen Arbeitszeiten haben, ist der Traum eines Ausstiegs für mehrere Wochen oder Monate am Stück schwer zu verwirklichen. Sind Sie jedoch selbstständig, ist die treibende Kraft, die Sie zum ganzjährigen Arbeiten drängt, vermutlich die kulturelle Konvention. Fleming, Blake, Sullivan oder Young ist nichts Schlimmes zugestoßen, als sie beschlossen, für längere Zeit mit ihrem normalen Arbeitsleben zu pausieren. Mag sein, dass sie kurzfristig weniger Geld verdient haben, aber ich würde behaupten, dass sie dieses Opfer der Sache angemessen fanden.

»KLEINE AUSZEITEN« EINFÜHREN

Auszeiten beziehen sich nicht nur auf eine Verlangsamung der Arbeit für längere Zeiträume. Unterschiedliche Intensität im kleineren zeitlichen Maßstab kann sich beim Erzielen einer natürlicheren Geschwindigkeit ebenfalls als nützlich erweisen. Die allgemeine Zielsetzung dieses Vorschlags ist es, Sie davor zu bewahren, dass Sie ständig mit ängstlichem Hochdruck arbeiten, ohne nennenswerte Veränderungen, das gesamte Jahr hindurch. Das Übersommern am Lake George kann diesen unnatürlichen Rhythmus durchbrechen, aber das gilt auch für einen willkürlichen freien Wochentag ein- oder zweimal monatlich. Diese letzteren, gemäßigteren Bestrebungen bezeichne ich als kleine Auszeiten. Im Folgenden mache ich vier konkrete Vorschläge zur Umsetzung dieser Philosophie. Haben Sie einige dieser Beispiele erst mal erlebt, so fällt es Ihnen hoffentlich leichter, zahlreiche weitere, eigene Ideen zu entwickeln, wie Sie Ihrem Arbeitsrhythmus mehr Abwechslung verleihen können.

Keine Meetings am Montag

Machen Sie montags keine Termine. Sie müssen diesen Entschluss nicht öffentlich mitteilen. Wenn jemand Sie fragt, wann Sie Zeit für ein Meeting oder einen Besuch haben, schlagen Sie einfach keine Termine mehr an diesem

Tag vor. Da der Montag nur 20 Prozent unserer verfügbaren Zeit ausmacht, können Sie meist einen solchen Meetingstopp verhängen, ohne dass andere das Gefühl bekommen, Sie wären übermäßig schwer verfügbar. Der Vorteil für Sie jedoch ist erheblich, denn das ermöglicht Ihnen einen allmählicheren Übergang vom Wochenende zurück in die Arbeitswoche. Der Sonntagabend wird weniger bedrückend, wenn Ihr Kalender für den folgenden Tag so herrlich unüberfüllt ist. Diese verringerte Ablenkung schafft auch jede Woche einen zusammenhängenden Zeitblock, um mit jenen schwierigen, aber wichtigen Projekten voranzukommen, die Ihrer Arbeit mehr Sinn geben. Andere Tage können natürlich genauso gut funktionieren. Vielleicht funktioniert es in Ihrer speziellen Tätigkeit besser, sich den Freitag von Terminen freizuhalten, oder Ihnen ist es am liebsten, einen unverplanten Tag in der Wochenmitte zu haben. Das Wesentliche an dieser Idee ist, sich *irgendeine* Bastion der Ruhe inmitten eines ansonsten vollgestopften Kalenders zu bewahren.

Einmal monatlich eine Matinee besuchen

An einem Nachmittag mitten in der Woche ins Kino zu gehen, hat etwas Befreiendes. Der Kontext ist so neuartig – »Fast alle sind jetzt bei der Arbeit!« –, dass es Sie aus Ihrem Normalzustand der ängstlichen Reaktivität herausholt. Diese geistige Verwandlung ist reinigend und etwas, das Sie regelmäßig anstreben sollten. Mein Vorschlag ist: Versuchen Sie, sich einen Nachmittag im Monat freizuhalten, um ins Kino zu flüchten, und tragen Sie den Termin lange genug im Voraus in Ihren Kalender ein, sodass er Ihnen nicht durch eine Besprechung in letzter Minute streitig gemacht werden kann. Bei den meisten Bürotätigkeiten fällt es niemandem auf, wenn Sie etwa alle dreißig Tage mal einen Nachmittag nicht da sind. Falls jemand fragt, wo Sie waren, sagen Sie einfach, Sie hätten eine »private Verabredung« gehabt. Das stimmt ja auch. Sie sollten bei der Planung natürlich Vernunft walten lassen, damit Sie nichts Wichtiges versäumen. Falls ein Notfall eintritt oder sich in einer Woche ungewöhnlich viel Dringliches ballt, können Sie Ihre Minipause auf einen anderen Tag umplanen. Sollten Sie bei diesem Entschluss Schuldgefühle verspüren, ist es hilfreich, sich an all die zusätzlichen Stunden zu erinnern, in denen Sie abends Ihre Mails gelesen oder während des Wochenendes an Ihrem Laptop gesessen haben. Ab und an mal einen Nachmittag in der Woche auszulassen, gleicht lediglich die Bilanz aus. Um die Vorteile dieses Vorschlags auszuschöpfen, müssen Sie nicht unbedingt einen Film anschauen. Andere Aktivitäten funktionieren genauso gut. Ich persönlich finde es beispielsweise ebenso lohnenswert, Museen zu besuchen oder wandern zu gehen. Der springende Punkt ist, dass selbst in kleinem Maßstab eingeplante freie Zeit unter der Woche ausreichen kann, um die Erschöpfung durch eine ansonsten vollkommen durchgetaktete Regelmäßigkeit zu lindern.

Ruheprojekte einplanen

Es kann belastend sein, lange Zeiträume in Ihrem Kalender für ein wichtiges neues Projekt freizuhalten. Jeder neue Termin, den Sie hinzufügen, sorgt für weniger Flexibilität und mehr intensive Arbeit in Ihrem Plan für die nächste Zeit. Wenn Ihr Kalender sich in hektischen Phasen immer weiter füllt, kann ein Gefühl leichter Verzweiflung aufkommen. *Wie soll ich das alles jemals schaffen?* Eine kluge Methode, um diesen Stress auszugleichen, besteht darin, jedes große *Arbeitsprojekt* mit einem dazugehörigen *Ruheprojekt* zu koppeln. Die Idee dahinter ist einfach: Nachdem Sie in Ihrem Kalender Zeit für ein großes Arbeitsprojekt reserviert haben, planen Sie in den darauf unmittelbar folgenden Tagen oder Wochen Zeit für etwas Entspanntes ein, das nichts mit Ihrer Arbeit zu tun hat. Nehmen wir an, Sie sind Professor und sollen im kommenden Frühjahr ein Forschungskomitee Ihrer Fakultät leiten. Diese Forschungen könnten Sie bis Anfang Mai beschäftigen. Zur Kompensation nehmen Sie sich später in diesem Monat einige Nachmittage frei, um beispielsweise endlich Francis Ford Coppolas sämtliche Filme der 1970er-Jahre zu sehen oder eine neue Sprache zu erlernen oder die Werkstatt in Ihrem Hinterhof wieder in Gang zu setzen. Das Entscheidende ist dabei, ein proportionales Gleichgewicht zu schaffen. Mühe führt zu Vergnügen. Je mehr Mühe Ihnen bevorsteht, desto mehr Vergnügen werden Sie danach genießen. Selbst wenn diese Ruheprojekte im Vergleich zu der Arbeit, welche sie auslöst, relativ klein sind, so kann dieser Pendelrhythmus doch ein nachhaltiges Gefühl der Abwechslung hervorrufen.

In Zyklen arbeiten

Das Softwareentwicklungsunternehmen Basecamp ist bekannt dafür, mit innovativen Führungsmethoden zu experimentieren. Das ist vielleicht nicht überraschend, wenn man weiß, dass sein Mitgründer und gegenwärtiger CEO Jason Fried einmal ein Buch mit dem Titel *Schluss mit dem Wahnsinn im Büro* veröffentlicht hat. Eine der erstaunlichsten Strategien bei Basecamp ist die Aufteilung der Arbeit in »Zyklen«. Ein solcher Zyklus dauert zwischen sechs und acht Wochen. In dieser Zeit konzentriert sich das Team auf klare und dringliche Ziele. Wichtig: Jedem Zyklus folgt eine zweiwöchige »Abkühlungsphase«, in der die Beschäftigten wieder Kräfte sammeln können, während sie kleinere Aufgaben erledigen und beschließen, was als Nächstes angegangen werden soll. »Manchmal ist die Versuchung groß, die Zyklen einfach in die Abkühlungsphase hinein zu verlängern, damit mehr Arbeit hineinpasst«, erläutert das Mitarbeiterhandbuch von Basecamp. »Doch Ziel ist es, dieser Versuchung zu widerstehen.«[100]

Diese Strategie spiegelt die natürlichen Schwankungen menschlicher Bestrebungen. Würde Basecamp verlangen, dass die Beschäftigten ohne Pause konzentriert und mit Hochdruck arbeiten, ginge die allgemeine Intensität zurück, sobald die Erschöpfung um sich greift. Nehmen sie sich stattdessen regelmäßig zwischen den Zyklen freie Zeiten, erhält die während der Zyklen verrichtete Arbeit ein höheres Qualitätsniveau. Dieses letztere Szenario kann dazu führen, dass bessere Gesamtergebnisse erzielt werden als beim ersteren. Zudem ist es für die beteiligten Mitarbeiter besser durchzuhalten.

Die Vorstellung von Zyklen auf Ihre eigene Arbeit zu übertragen, kann verstanden werden als eine strukturiertere Umsetzung sowohl der Ruheprojekt- als auch der Auszeitenstrategie, die weiter vorn beschrieben wurden. Sie können die Idee der Zyklen als formale Taktik vorschlagen und dabei auf das Basecamp-Handbuch verweisen. Oder wenn Sie sich nicht sicher sind, wie dieser Vorschlag aufgenommen wird, führen Sie insgeheim diese Zyklen ein, ohne andere darüber zu informieren. Die zweiwöchigen Abkühlungsphasen sind zu kurz, als dass Sie damit den Ruf entwickeln würden, sich vor wichtigen Initiativen zu drücken. Wenn überhaupt, wird wahrscheinlich eher Ihre erhöhte Intensität während der Zyklen selbst bemerkt und kann die Meinung Ihres Arbeitgebers über Sie positiv beeinflussen.

Intermezzo: Hat Jack Kerouac *Unterwegs* nicht in drei Wochen geschrieben?

Im Jahr 1959 trat Jack Kerouac in der *Steve Allen Show* auf. Zweck war, für ein Album zu werben, das die beiden kürzlich veröffentlicht hatten – darauf las Kerouac Gedichte zu Allens Klavierbegleitung. Doch die Unterhaltung drehte sich zunächst um das Buch, das zwei Jahre zuvor erschienen war und Kerouac berühmt gemacht hatte: *Unterwegs*. Kerouacs Bestseller, teils impressionistische Reiseskizze, teils Meditation über die Philosophie der Beat Generation, war geprägt von seiner vom Jazz inspirierten, fließenden Stream-of-Consciousness-Prosa. Zu Beginn des Buches erklärt der Erzähler Sal Paradise:

> Die einzigen Menschen sind für mich die Verrückten, die verrückt sind aufs Leben, verrückt aufs Reden, verrückt auf Erlösung, voll Gier auf alles zugleich, die Leute, die niemals gähnen oder alltägliche Dinge sagen, sondern brennen, brennen, brennen wie phantastische gelbe funkensprühende Feuerwerksvulkane.

Eine schnelle Prosa, als würden die Gedanken aus Kerouacs Gehirn direkt auf eine ratternde Schreibmaschine fallen. Bei seinem Auftritt in der *Steve Allen Show* untermauert Kerouac diesen Eindruck.

»Jack, ich hab ein paar spießige Fragen, aber ich glaube, die Antworten könnten interessant sein«, sagt Allen. »Wie lange hast du gebraucht, um *Unterwegs* zu schreiben?«

»Drei Wochen«, erwidert Kerouac.

»Wie lange?«

»Drei Wochen.«[101]

Wie Kerouac im Folgenden ausführt, hat er nicht nur innerhalb eines dreiwöchigen Energieausbruchs sein Buch geschrieben, sondern das Manuskript auch auf eine lange zusammenhängende Rolle Fernschreiberpapier getippt, sodass er seinen Text komponieren konnte, ohne für das Einlegen neuer Seiten innehalten zu müssen. Sein Schwager John Sampas präzisierte später: »Er ist da einfach hindurchgeprescht, fast atemlos, schnell, mit hohem Tempo, weil die Straße nun mal schnell ist, um Jack zu zitieren.«[102]

Ich habe diese viel zitierte Geschichte von Jack Kerouacs inspiriertem Schreibanfall erwähnt, weil sie so hübsch einen naheliegenden Einwand gegen das zweite Prinzip der Slow Productivity transportiert: Manchmal ist die natürliche Geschwindigkeit zu langsam. Wichtige Arbeit, so besagt dieser Einwand, verlangt nach anhaltender hoher Intensität, nach geradezu obsessiver Aufmerksamkeit. Längere Fristen und das Variieren des Intensitätsgrades mögen ja schön sein, um Durchschnittstätigkeiten erträglicher zu machen, aber mit wirklich großen Werken sind diese Dinge nicht kompatibel.

Es ist zwar unbestreitbar richtig, dass wichtige Projekte oft *vorübergehende* Phasen maximaler Intensität verlangen, aber ich teile nicht die Vorstellung, dass solche Projekte üblicherweise in einem einzelnen Ausbruch von kontinuierlich sprudelnder Energie vollendet werden. Kehren wir beispielsweise zu Kerouac zurück. Wie sein Schwager 2007 in einem *NPR*-Interview klarstellte, hätte Kerouac, als er Allen erzählte, er habe *Unterwegs* in drei Wochen geschrieben, eigentlich sagen sollen, dass er in dieser Zeit eine erste Fassung des Manuskripts *getippt* habe. Seine gesamte Arbeit an dem Buch erstreckte sich über einen viel längeren Zeitraum: Kerouac arbeitete in seinen Tagebüchern zwischen 1947 und 1949 an dem Roman. Und nach seinem berühmt gewordenen Tippanfall brachte er noch einmal sechs Jahre damit zu, sechs weitere unterschiedliche Entwürfe zu schreiben, im Bemühen, eine Form zu finden, die einen Verleger zur Annahme des Manuskripts bringen würde.

»Kerouac kultivierte diesen Mythos, Sie wissen schon, dass er ein spontaner Autor wäre und dass alles, was er einmal geschrieben hatte, nie mehr verändert wurde«, sagte der Kerouac-Schüler Paul Marion. »[Aber] das stimmt nicht. Ich meine, er war handwerklich wirklich hervorragend und ging ganz im Schreiben und dem Schreibprozess auf.«[103] Anders gesagt, *Unterwegs* liest sich schnell, aber die Geschwindigkeit, mit der das Buch verfasst wurde, war – wie bei den meisten Arbeiten, die die Zeit überdauern – tatsächlich ziemlich langsam.

Vorschlag: Poetisch arbeiten

Die Dichterin Mary Oliver verkörpert die Essenz des Arbeitens mit natürlicher Geschwindigkeit. Oliver, die eine schwere Kindheit hatte, flüchtete sich in Wanderungen durch die Wälder ihres Heimatstaats Ohio. »Ich glaube, das hat mir das Leben gerettet«, erzählte sie 2015 Krista Tippett bei *NPR* in einem ihrer seltenen Interviews.[104] Wie Oliver ausführt, begann sie bei ihren ausgedehnten Streifzügen, das poetische Potenzial der sie umgebenden Natur zur Kenntnis zu nehmen, auf der Suche nach Licht in dieser düsteren Zeit.

> Also, wie ich schon sagte, ich mag Gebäude nicht. Der einzige Rekord, den ich in der Schule aufgestellt habe, war der fürs Schwänzen. Ich ging viel in die Wälder, mit Büchern – Whitman im Ranzen –, aber mir gefiel auch die Bewegung. Also fing ich mit diesen kleinen Notizbüchern an und schrieb mir Sachen auf, die mir einfielen, und später arbeitete ich sie dann zu Gedichten aus.

Oliver behielt diese Gewohnheit des Wanderns und Notizenmachens bei, als sie von Ohio nach New England zog, wo sie sich niederließ und anfing, Gedichte zu veröffentlichen, die auf eindrücklichen, aber schnörkellosen

Naturbeschreibungen aufbauten. Olivers Geschwindigkeit mag ohne Eile gewesen sein, aber ihrer Laufbahn fehlte es nicht an ungeheurer Produktivität. Ihr fünfter Gedichtband, der 1984 erschien, gewann den Pulitzerpreis. Ihre Gedichtsammlung von 1992, *New and Selected Poems*, wurde mit dem National Book Award ausgezeichnet. Oliver starb 2019 als eine der meistgelesenen und beliebtesten Dichterinnen des letzten Jahrhunderts.

Ich erwähne Oliver, um meinen letzten Vorschlag zum zweiten Prinzip der Slow Productivity zu verdeutlichen: Manchmal geht es beim Entwickeln einer natürlichen Geschwindigkeit nicht nur darum, wie viel Zeit man einem Projekt widmet, sondern auch um den Kontext, in dem die Arbeit erbracht wird. Wie der französische Philosoph Gaston Bachelard in *Poetik des Raumes* sagt, sollten wir nicht die Fähigkeit unserer Umgebung unterschätzen, unsere kognitive Realität zu verwandeln. Aus der Diskussion über die Rolle des Zuhauses zum Beispiel stammt Bachelards bekannte Äußerung: »Der bewohnte Raum transzendiert den geometrischen Raum.«[105] Die Treppe ist nicht einfach nur eine Zusammenstellung aufsteigender Stufen, die in einer regelmäßigen Reihenfolge angeordnet sind, sondern vielmehr der Ort, an dem Sie als Kind an regnerischen Sommernachmittagen mit Ihren Geschwistern gespielt haben. Ihre Oberfläche und ihre Details sind in ein kompliziertes Geflecht der menschlichen Erfahrungswelt verwoben.

Diese Kräfte beeinflussen unsere beruflichen Vorhaben. Bei Olivers Waldwanderungen ging es nicht nur darum, Ruhe zu finden. Dieser Kontext des Sich-draußen-Aufhaltens hatte zahlreiche Verknüpfungen mit ihrer Vergangenheit und führte zu einer Wahrnehmung von Arbeit, die lebendiger, vielfältiger und in ihrer Geschwindigkeit natürlicher war, als wenn sie dieselbe Zeit schreibend an einem hübschen Schreibtisch zu Hause verbracht hätte. Dieser Vorschlag fordert Sie auf, den Kontext Ihrer wichtigsten Arbeit auf ähnliche Weise durch diese poetische Brille zu betrachten. Durch die sorgfältige Auswahl von physischen Räumen und Ritualen können Sie nicht nur das Erlebnis Ihrer Bemühungen in etwas Interessanteres und langfristig Haltbareres verwandeln, sondern auch besser auf Ihre schlummernde Brillanz zugreifen. Der Trick besteht natürlich darin, Ihre eigene personalisierte Version von Mary Olivers langen Waldwanderungen zu finden. Der nachfolgende konkrete Rat hilft Ihnen bei diesem Vorhaben.

IHREN RAUM AUF IHRE ARBEIT ABSTIMMEN

Eine offensichtliche Heuristik für die Schaffung eines effektiveren Raums für Ihre Arbeit ist es, die Elemente Ihrer physischen Umgebung mit dem in Einklang zu bringen, was Sie erreichen wollen. Mary Olivers naturbezogene Lyrik zum Beispiel profitierte von den langen Wanderungen in genau jenen Wäldern, die sie in ihren Gedichten beschrieb. Oliver ist nicht die Einzige, die nach dieser Symmetrie strebt. Viele Schreibende nutzen die Details ihrer Umgebung, um bestimmte Teile ihrer Arbeit zu fördern. Als Lin-Manuel Miranda beispielsweise *Hamilton* komponierte, bemühte er sich um die Genehmigung, im Morris-Jumel Mansion schreiben zu dürfen – dem ältesten noch vorhandenen Haus in Manhattan, das sowohl George Washington während der Schlacht von Harlem Heights als Hauptquartier diente als auch Aaron Burr während seiner Zeit als Vizepräsident beherbergte. »Mir gefällt es, dass nur ein paar Schichten zwischen uns und all dem liegen, was hier schon abgegangen ist«, erklärte Miranda.[106]

Derweil errichtete Neil Gaiman im Wald hinter seinem Haus in Woodstock, New York, eine spartanische, achteckige Schreibhütte, die auf hohen Stelzen ruht und nach allen Seiten die Sicht auf endlose Baumreihen ermöglicht. Ein online gepostetes Foto von Gaimans Raum zeigt einen schlichten Schreibtisch, ein Notizbuch und ein Fernglas zur Wildbeobachtung.[107] So ein Umfeld ist durchaus sinnvoll für einen Schriftsteller, der genaue Beobachtungen verwendet, um seinen düsteren Szenen den notwendigen Realismus zu verleihen. Dan Brown investierte seine Erträge aus *Der Da-Vinci-Code* in ein maßgeschneidertes Haus nahe der Küste in Rye Beach, New Hampshire, das mit gotischen Elementen versehen ist, wie man sie in einem seiner populären Thriller vermuten würde.[108] Wenn man in der Bibliothek auf einen verborgenen Knopf drückt, schwingt ein Bücherregal zur Seite und enthüllt einen Schaukasten. Berührt man die Ecke eines Gemäldes im Wohnzimmer, so erscheint der Eingang zu einem Geheimzimmer. Die Innenseite einer Badezimmertür ist mit einer Seite aus Leonardo da Vincis Notizbuch dekoriert, nach da Vincis Gewohnheit rückwärts geschrieben, um den Inhalt zu verschlüsseln. Wenn die Tür jedoch geschlossen ist, lässt sich der Text entziffern, indem man ihn im Badezimmerspiegel liest. Sie und ich finden ein solches Haus vielleicht verstörend und prahlerisch. Aber wenn man seinen Lebensunterhalt damit verdient, Thriller über groteske, geheimnisvolle Verschwörungen zu schreiben, ist vielleicht genau das nötig, um in seinen Rhythmus hineinzufinden.

Mit etwas Kreativität lässt sich dasselbe Prinzip mit ähnlichem Effekt auch auf viele nicht schreibende Berufe anwenden: Ein Werbefachmann findet vielleicht seine Inspiration in einer an *Mad Men* angelehnten Büroumgebung im Stil der 1960er-Jahre; eine Musikproduzentin könnte ihr Büro mit Instrumenten füllen; der Ingenieur mag halb zusammengesetzte technische Spielzeuge bevorzugen. Francis Ford Coppola hat die seit vielen Jahren gepflegte Angewohnheit, in seinen Produktionsbüros Lötkolben, Schalter und Dioden anzuhäufen.[109] Als Kind bastelte er gern an elektronischen Spielzeugen herum, und er glaubt, durch die Gegenwart der Werkzeuge könne er sich besser darauf fokussieren, wie essenziell und bedeutsam es ist, Dinge von Grund auf zu erschaffen. Immer wenn ich ein typisches häusliches Arbeitszimmer sehe mit seinen weißen Bücherregalen und der Wanddekoration aus dem Bürobedarf, muss ich einfach an all die Möglichkeiten denken, mit denen ihre Nutzerinnen und Nutzer die Umgebung in etwas umwandeln könnten, das ihrer Arbeit stärker förderlich ist.

LIEBER SELTSAM ALS STYLISH

Ende der 1960er-Jahre suchten der Autor Peter Benchley und seine Frau Wendy nach einem ruhigen Ort zum Wohnen in der Nähe von New York. Sie zogen Princeton, New Jersey, in Betracht, konnten es sich jedoch nicht leisten, daher wurde es schließlich Pennington, eine kleine Gemeinde acht Meilen westlich davon. Hier begann Benchley, an seinem ersten Roman zu arbeiten, der sensationslüsternen Geschichte um einen großen weißen Hai, der ein Küstenstädtchen terrorisiert. Mir war die Verbindung zwischen *Der weiße Hai* und Pennington schon lange bekannt, denn ich wohnte als Kind nur eine Straße von dem Haus entfernt, das die Benchleys gekauft hatten: ein klassisches umgebautes Kutschenhaus auf einem großzügigen Grundstück, das von Nadelbäumen gesäumt wurde. Wenn ich in meinem Kinderzimmer im Dachgeschoss die Hausaufgaben machte, stellte ich mir manchmal vor, wie Benchley beim Schreiben seiner kultigen Szenen über einen ähnlichen Rasen hinweg auf die Straße geschaut hatte.

Erst kürzlich erfuhr ich zu meiner Bestürzung, dass Benchley *Der weiße Hai* gar nicht in seinem idyllischen Haus in Pennington geschrieben hatte. Wie John McPhee 2021 in einem Artikel im *New Yorker* enthüllte, erinnert er sich daran, dass Benchley in diesen Jahren in einer gemieteten Räumlichkeit in einer Ofenwerkstatt arbeitete.[110] Mit etwas Recherche, unterstützt von der Hopewell Valley Historical Society, stellte sich heraus, dass es sich dabei um die Firma Pennington Furnace Supply Inc. an der Brookside Avenue handelte, am nördlichen Ende der Main Street von Pennington. Als sie später danach gefragt wurde, erinnerte sich Wendy Benchley immer noch an den Krach: »Er hatte einen Schreibtisch mitten in dieser Werkstatt, wo sie Öfen herstellten«, sagte sie. »Bäng! Bäng! Bäng! – und es störte ihn überhaupt nicht.«

Benchley ist nicht der einzige Schriftsteller, der einem reizenden Zuhause den Rücken kehrte, um unter objektiv schlechteren Umständen zu arbeiten. Maya Angelou mietete beispielsweise Hotelzimmer zum Schreiben und verlangte von den Mitarbeitern, dass sämtliche Bilder von den Wänden genommen wurden und sie nur hineinkommen durften, um die Papierkörbe zu leeren. Sie traf um halb sieben morgens ein, mit einer Bibel, einem Notizblock und einer Flasche Sherry. Ein Schreibtisch war nicht nötig, sie arbeitete quer auf dem Bett liegend. Einmal erzählte sie George Plimpton in einem Interview, diese Gewohnheit habe dazu geführt, dass einer ihrer Ellbogen »völlig verkrustet« mit Hornhaut sei. David McCullough wohnte in einem wunderschönen weiß geschindelten Haus in West Tisbury auf der Insel Martha's Vineyard. Zu dem Gebäude gehörte auch ein hübsch eingerichtetes Arbeitszimmer, doch McCullough schrieb lieber in einer besseren Gartenhütte hinter dem Haus. John Steinbeck ging noch einen Schritt weiter. Gegen Ende seiner Laufbahn verbrachte er seine Sommer auf einem 8000 Quadratmeter großen Grundstück in Sag Harbor. Seiner Literaturagentin Elizabeth Otis erzählte Steinbeck, er würde aus diesem Strandparadies flüchten, um stattdessen auf einem Fischerboot zu schreiben, das Notizbuch auf einem tragbaren Tischchen balancierend.

Erstmals habe ich diese Geschichten über exzentrische Schreiborte in einem Essay erzählt, der im Frühjahr 2021 veröffentlicht wurde.[111] Zu diesem Zeitpunkt hatte die Coronapandemie ihre akute Notfallphase hinter sich gelassen, und die Geschäftswelt begann sich zu fragen, ob die Remote-Arbeit sich zu mehr entwickeln würde als einer kurzfristigen Reaktion auf eine Gesundheitskrise. Ich wollte meinen Essay als Warnung verstanden wissen, die für diese letztere Möglichkeit relevant war. In gewisser Weise waren Berufsautoren die ersten remote Arbeitenden, und beim Untersuchen ihrer Gewohnheiten stellt man fest, dass sie oft alle möglichen Umwege gehen, um einen – *irgendeinen* – Arbeitsplatz zu finden, der sich nicht in ihrem eigenen Haus befindet. Selbst wenn das bedeutete, mit dem Hämmern in einer Ofenreparaturwerkstatt zurechtkommen zu müssen.

Das Problem ist, dass das Zuhause mit dem Gewohnten angefüllt ist, und das Gewohnte beansprucht unsere Aufmerksamkeit und destabilisiert den subtilen neuralen Tanz, der zum klaren Denken erforderlich ist. Wenn wir auf dem Weg vom Schlaf- zum heimischen Arbeitszimmer am Wäschekorb vorbeigehen, wendet unser Gehirn sich den häuslichen Pflichten zu, selbst wenn wir gerne ganz auf das konzentriert blieben, was an dringender Arbeit getan werden muss. Dieses Phänomen ist eine Folgeerscheinung der assoziativen Beschaffenheit unseres Gehirns. Weil der Wäschekorb eingebettet ist in eine umfangreiche, Stress auslösende Matrix von nicht ausreichend erfüllten Haushaltspflichten, erzeugt er etwas, was der Neurowissenschaftler Daniel Levitin als »einen Stau der neuralen Verknüpfungen« bezeichnet, die »zum Bewusstsein durchzudringen versuchen«. In diesem Kontext stolpert die Arbeit als eine Stress auslösende Pflicht unter vielen voran.

Deshalb zog Benchley sich in die Ofenwerkstatt zurück und McCullough sich in seine Gartenhütte. Sie beide suchten einen vorteilhafteren mentalen Raum, um sinnvolle Arbeit zu leisten. Indem sie ihr relationales Gedächtnissystem ruhigstellten, konnten sie ihre Wahrnehmung der Zeit verlangsamen und ihre Aufmerksamkeit stärker auf ein einziges Vorhaben richten. Wichtig an diesen Beobachtungen ist, dass die Ästhetik ihrer Arbeitsplätze außer Haus überhaupt keine Rolle spielte. Mary Oliver mag das Wandern in den idyllischen Wäldern von New England ein Gefühl der Tiefe gegeben haben, aber Maya Angelou erzeugte einen ähnlichen Effekt durch die gesichtslose Fadheit billiger Hotelzimmer. Worauf es ankam, war die Ablösung vom Gewohnten. Eine Zitadelle der kreativen Konzentration muss kein Palast sein. Es genügt, wenn sie keine Wäschekörbe enthält.

In meinem Essay von 2021 plädierte ich anhand dieser Beobachtungen für eine Trennung zwischen Remote-Arbeit und der Arbeit von zu Hause aus. Wenn Organisationen zentrale Büroräume schließen wollten, dann sollten sie, so schlug ich vor, diese Einsparungen reinvestieren, um ihren Mitarbeitenden dabei zu helfen, Arbeitsorte *in der Nähe* ihres Zuhauses zu finden. Waren diese Arbeitskräfte erst einmal vom Alltagstrott befreit, würden Produktivität und Zufriedenheit insgesamt steigen. Hier rege ich nun an, dass Sie bei Ihren individuellen Bemühungen um poetischere Umgebungen für Ihre Arbeit etwas Ähnliches im Sinn behalten. Das Ungewöhnliche ist machtvoll, selbst wenn es hässlich ist. Wenn es um die Frage geht, wo Sie arbeiten, hüten Sie sich vor dem allzu Vertrauten.

RITUALE SOLLTEN ÜBERRASCHEND SEIN

Die Geheimkulte der alten Griechen werden oft missverstanden. In ihrem meisterhaften 2009 erschienenen Buch *The Case for God* erklärt Karen Armstrong, dass die im 6. Jahrhundert vor Christus entwickelten Geheimrituale »weder ein nebulöses Abdriften aus der Rationalität noch ein hemmungsloses Schwelgen im Hokuspokus« gewesen seien.[112] Vielmehr waren sie sorgfältig konstruiert, um bestimmte psychologische Effekte bei den *mystai* (den Eingeweihten) zu erzielen, die sie ausführten.

Denken Sie beispielsweise an die Mysterien von Eleusis, die alljährlich in der gleichnamigen, westlich von Athen gelegenen Stadt durchgeführt wurden zur Feier der Göttin Demeter, die auf der Suche nach ihrer Tochter Persephone nach Eleusis gereist war. Armstrong schreibt, dass Eleusis vermutlich schon seit dem Neolithikum Schauplatz einer Art Herbstfest war, doch erst im 6. Jahrhundert errichtete man in der Stadt eine riesige Kultstätte als Schauplatz für ein formelleres und machtvolleres Ereignis. In jedem Herbst nahm eine neue Gruppe von *mystai* freiwillig an dem Ritual teil. Es begann in Athen mit zweitägigem Fasten. Dann opferten sie zu Ehren von Persephone ein Ferkel und machten sich auf die rund 32 Kilometer lange Wanderung nach Eleusis. Die Eingeweihten aus dem Ritual des Vorjahres begleiteten die neuen *mystai* auf ihrem Weg, schikanierten und bedrohten sie und riefen dabei immer wieder Dionysus an, den Gott des Weins und der Ekstase, mit dem Ziel, wie Armstrong schreibt, »die Menge in rasende Aufregung zu versetzen«.[113] Sobald die erschöpften und verängstigten *mystai* nach Einbruch der Nacht endlich in Eleusis eintrafen, wurden sie bei Fackelschein durch die Straßen geführt, was ihre Desorientierung noch verstärkte, ehe man sie schließlich in die vollständig dunkle Initiationshalle führte.

Die Einzelheiten der in dieser Halle durchgeführten Zeremonie wurden geheim gehalten, wir haben daher nur bruchstückhafte Hinweise auf ihre Inhalte. Vermutlich gab es Tieropfer und mystische Erweckungen. Armstrong schreibt, dass es vermutlich ein »schockierendes Ereignis« gab, zum Beispiel dass ein Kind ins Feuer gestoßen werden und erst im letzten Moment gerettet werden sollte – und all das vor dem Hintergrund des Wechselspiels von Licht und Dunkelheit, flackerndem Feuer und unnatürlichen Geräuschen. Einigen Berichten zufolge gipfelte das Ereignis »freudig« in einem lebenden Bild, das Persephones Rückkehr aus der Unterwelt und die Wiedervereinigung mit ihrer Mutter darstellte.

Wie Armstrong ausführt, ging es bei den Mysterien von Eleusis nicht um die Vermittlung einer rationalen Lehre, an die die Eingeweihten glauben sollten. Würde man eine Beschreibung der vollständigen Zeremonie formulieren, so käme sie einem objektiv betrachtet albern und willkürlich vor. Bei den Mysterien ging es vielmehr um den psychischen Zustand, den sie hervorriefen. Viele Teilnehmer berichteten, dass sie nach dem Durchleben der Rituale keine Angst mehr vor dem Tod hatten. Einige schilderten die Erfahrung als Augenblick göttlicher Besessenheit. »In einer ausgezeichneten Zusammenfassung des religiösen Vorgangs stellte Aristoteles später klar, dass die *mystai* nicht nach Eleusis gingen, um etwas zu lernen *(mathein)*«, schließt Armstrong, »sondern um eine Erfahrung *(pathein)* zu machen und eine radikale Bewusstseinsänderung *(diatethenai)* zu durchlaufen.«[114]

Durch diese Darstellung eines Geheimkults der alten Griechen lernen wir etwas Wichtiges über Rituale im Allgemeinen. Ihre Macht liegt nicht in den Einzelheiten ihrer Durchführung, sondern in der transformativen Wirkung, die sie auf den Geist ausüben. Je verblüffender und bemerkenswerter das Verhalten, desto höher ist die Chance, dass sie einen nützlichen Wandel hervorrufen. Mary Olivers lange Spaziergänge durch den Wald sind eine gute Fallstudie. Indem sie immer längere Wanderungen unternahm und immer tiefer in einen Wald eindrang, der so viele emotionale Ankerpunkte bei ihr ansprach, wurde ihre mentale Verfassung zunehmend freier und empfänglicher. Hätte sie stattdessen einfach am Waldrand gesessen, so wäre der Effekt aller Wahrscheinlichkeit nach abgestumpft. Das Ritual der langen Wanderungen war ebenso notwendig wie die Umgebung, um ihre Kreativität anzuregen.

Die Optionen für solche poetischen Zeremonien sind breit gefächert. In *Musenküsse* führt Mason Currey eine Vielzahl von exzentrischen, bewusstseinsverändernden Abläufen auf, die von Dutzenden großen Denkern und Kreativen entwickelt wurden. David Lynch bestellte sich bei Bob's Big Boy einen großen Schokoladenmilchshake. Den erhöhten Blutzuckerspiegel nutzte er dann, um eine Idee nach der anderen aus seinem Unterbewusstsein emporzuholen, oft notierte er sie auch auf Servietten.[115] N. C. Wyeth stand um fünf Uhr morgens auf, um über eine Stunde Holz zu hacken, ehe er zu seinem auf einem Berg gelegenen Atelier wanderte.[116] Anne Rice schrieb *Interview mit einem Vampir* überwiegend nachts und holte den Schlaf tagsüber nach – die stille Dunkelheit versetzte sie in die richtige Stimmung, um ihre Gruselgeschichte zu entwickeln.[117] Als Gertrude Stein nahe dem französischen Dorf Ain wohnte, stand sie um zehn auf, trank eine Tasse Kaffee und nahm dann ein Bad in einer riesigen Wanne. Nachdem sie sich angezogen hatte, fuhr sie mit ihrer Lebensgefährtin Alice B. Toklas durch die umliegende Landschaft und hielt nach einem vielversprechenden Ort zum Arbeiten Ausschau. Sobald ein solcher gefunden war, setzte Stein sich mit Stift und Notizblock auf einen Campingstuhl und begann zu schreiben.[118]

Mein Rat gliedert sich in zwei Teile. Erstens: Schaffen Sie sich Ihre eigenen persönlichen Rituale rund um die Arbeit, die Ihnen am wichtigsten ist. Und sorgen Sie zweitens dafür, dass Ihre Rituale überraschend genug sind, um Sie gedanklich auch wirklich beim Erreichen Ihrer Ziele zu unterstützen. Das zweite Prinzip der Produktivität besagt, dass Sie mit natürlicherer Geschwindigkeit arbeiten sollen. Es passt, dass die Vorschläge zu Ritualen den Abschluss dieses Kapitels bilden – denn kaum eine Strategie kann noch wirksamer Ihre Zeitwahrnehmung verändern und Ihr Erleben weg von der Besorgnis, hin zum erhabeneren Natürlichen verschieben, als Ihren Bestrebungen eine Prise poetischer Rätselhaftigkeit hinzuzufügen.

5 QUALITÄT AN OBERSTE STELLE SETZEN

Das dritte Prinzip der Slow Productivity

Anfang der 1990er-Jahre spielte sich in einer Nebenstraße nahe Pacific Beach, einem bei Longboardern beliebten Surfort in San Diego, eine ungewöhnliche Szene ab. Jeden Donnerstagabend versammelte sich eine Menschenmenge vor dem Inner Change Coffeehouse. Anfangs war die Gruppe noch klein. Doch im Laufe der Wochen wuchs sie immer weiter und füllte schließlich das kleine Café vollständig aus. Wer keinen Sitzplatz mehr bekam, stand draußen vor dem Lokal auf dem Gehweg, schaute durch die gläserne Fensterfront und lauschte der Musik von drinnen über ein paar kleine Lautsprecherboxen.

Grund für die Menschenansammlung war eine neunzehnjährige Singer-Songwriterin, die nur unter ihrem Vornamen bekannt war: Jewel. Damals lebte Jewel in ihrem Auto und kam mit Gelegenheitsjobs und Straßenmusik am Strand von San Diego gerade so über die Runden. Ihre Lebensverhältnisse waren prekär. Nicht lange vor ihrem bemerkenswerten Erfolg im Inner Change Coffeehouse war sie zum Beispiel an einer Nierenentzündung erkrankt und hatte mit hohem Fieber und Erbrechen auf dem Rücksitz ihres Autos gelegen, gleich vor der Tür einer Notfallambulanz, die sie mangels einer Krankenversicherung abgewiesen hatte. Ein Arzt, der das Ganze beobachtet hatte, fand sie auf dem Parkplatz und behandelte sie kostenlos mit Antibiotika – was ihr vermutlich das Leben rettete.

Was Jewel in dieser Zeit über Wasser hielt, war ihre Fähigkeit, allein mit ihrer Gitarre auf der Bühne ein umfangreiches Musikprogramm im Folkstil zu spielen. Das war eine Fertigkeit, die sie fast ihr ganzes Leben lang geübt hatte. In ihrer Kindheit hatten ihre Eltern in den verschiedensten Touristenunterkünften in Anchorage, Alaska, ein musikalisches Programm aufgeführt. Jewel begann schon mit fünf Jahren, ihre Eltern auf der Bühne zu begleiten.[119] Sie trug ein selbst geschneidertes Schweizer Kostüm und jodelte. (Ihre Großeltern väterlicherseits waren aus der Schweiz nach Alaska eingewandert.) Sie übte unablässig, um ihre Technik zu verbessern. Das verhalf ihr zu einer grundlegenden Stimmbeherrschung, die sie später mit großem Erfolg in ihrer beruflichen Laufbahn nutzte.

Jewels Eltern ließen sich scheiden, als sie acht war. Ihre Mutter verließ die Familie, der Vater zog die Kinder allein groß. Er zog in den Familienwohnsitz, der außerhalb des für den Heilbuttfang bekannten Ortes Homer in Alaska lag. Bald lebte die Familie nur von der Musik, wobei Jewel den Part ihrer Mutter übernahm und die Harmoniestimme zum Gesang ihres Vaters beisteuerte, während ihr Bruder das Mischpult bediente. Die Auftritte in schicken Hotels gehörten der Vergangenheit an, jetzt spielte die Familie stattdessen lange Konzerte in »Kneipen, Spelunken, Restaurants, Holzfäller- und Veteranentreffs«.[120] Jewel weiß noch, dass sie die Biker-Kneipen am liebsten mochte, weil die grauhaarigen Männer und deren hartgesottene Frauen sie beschützten.

Jewels weitere Kindheit verlief ungeordnet. Sie pendelte zwischen Homer und Anchorage und war weiterhin mit ihrem Vater im gesamten Staat auf Tour. Dabei traten sie ebenso in Städten auf wie in abgelegenen Orten im Hinterland. Einmal hatten sie eine bemerkenswerte Reihe von Auftritten in einsamen Inuit-Dörfern. Als Teenager wohnte Jewel in einer eigenen kleinen Hütte und ritt, man kann es kaum glauben, zu Pferde zu ihrer Arbeit in der Stadt (sie hatte noch keinen Führerschein). Damals lernte sie den Tanzlehrer Joe kennen, der in Homer einen zweiwöchigen Lehrgang anbot. Wie sich herausstellte, unterrichtete er auch an der angesehenen Interlochen Arts Academy, die auf 485 gut gepflegten Hektar gleich außerhalb von Traverse City, Michigan lag. Er war beeindruckt von Jewels Stimme, die nach einer Kindheit mit marathongleichen Auftritten frühzeitig gereift war, und half ihr, den Bewerbungs- und Vorspielprozess von Interlochen zu bewältigen. Jewel wurde angenommen, aber es dauerte einige Zeit, bis sie sich an die neue Kultur angepasst hatte: Bald nach ihrer Ankunft wurde sie ins Büro des Dekans gerufen, wo man sie darüber in Kenntnis setzte, dass es nicht angemessen sei, mit einem Häutemesser an der Hüfte über den Campus zu laufen.

In Interlochen erhielt Jewel professionellen Gesangsunterricht und machte ganz allgemein zum ersten Mal Bekanntschaft mit Kunst als ernsthafter Beschäftigung. Doch was vielleicht ebenso wichtig ist: In dieser Zeit begann sie mit dem Songschreiben. Da sie es sich nicht leisten konnte, während der Ferien nach Alaska zurückzufahren, reiste sie mitsamt ihrer Gitarre per Anhalter, wenn kein Unterricht stattfand. Auf diesen Reisen schrieb sie die ersten Versionen von Songs wie »Who Will Save Your Soul« und »You Were Meant for Me«, inspiriert von dem, was sie unterwegs zu sehen und zu hören bekam.

Nach ihrem Abschluss ging Jewel erneut auf Wanderschaft und kam schließlich nach San Diego, wo ihre Mutter wohnte. Einige Zeit lebten sie gemeinsam in einem Haus, das sie sich nicht leisten konnten und schließlich verloren. Daraufhin zog Jewel in ihr Auto, für das sie einen Parkplatz unter einem hübsch blühenden Baum gefunden hatte, unweit des Pacific Beach. Eines Nachmittags kam sie auf dem Weg zu diesem Parkplatz zum ersten Mal am Inner Change Coffeehouse vorbei, das den Eindruck machte, als hätte es schon bessere Zeiten gesehen. Jewel stellte sich der Inhaberin Nancy vor. Sie kamen ins Gespräch, und Nancy verriet ihr, dass sie beabsichtigte, ihr schlecht laufendes Café zu schließen. Spontan machte Jewel ihr ein Angebot: »Meinst du, du könntest es noch zwei Monate geöffnet lassen?«, fragte sie.

»Warum?«, wollte Nancy wissen.

»Wenn ich für Zulauf sorge, behalte ich das Eintrittsgeld, du behältst die Einnahmen durch Getränke und Speisen, und wir können gemeinsam versuchen, es irgendwie zu schaffen.«[121]

Nancy willigte ein, und Jewel nahm ihre Gitarre mit an den Strand von San Diego, um für den Auftritt zu werben. Wenn die Leute stehen blieben und ihr beim Singen zuhörten, rief sie sie dazu auf, zu ihrem Auftritt am kommenden Donnerstag im Inner Change zu erscheinen. Für ihr erstes Konzert in dem Café konnte Jewel nur eine Handvoll Surfer herbeilocken. Das sehr überschaubare Publikum hielt Jewel nicht davon ab, »alles zu geben«. Sie erinnert sich:

> Als diese Leute kamen, legte ich meine Seele offen. Ich öffnete mich vollständig. Und sie mochten mich. Ich weiß, das klingt oberflächlich, aber das war es nicht. Es war mein authentisches Ich. … Es war so aufrichtig. Die Leute haben geweint. Und ich habe geweint. Und es entstand eine echte Verbindung. Zum ersten Mal im Leben hatte ich einen echten, bedeutsamen menschlichen Kontakt, und es machte mir keine Angst, es fühlte sich gut an.[122]

Bis zu diesem Zeitpunkt war Jewels Leben durch die miteinander verflochtenen Kräfte von Talent und Schmerz geprägt gewesen. Als sie sich entschloss, ihre Seele offenzulegen, war das Ergebnis authentisch, freimütig und für die meisten Zuschauer spektakulär. Das sprach sich schnell herum. Der erste Auftritt mag vor nur zwei oder drei Surfern stattgefunden haben, doch Woche für Woche verdoppelte sich die Zahl der Zuschauer. Es dauerte nur sechs Monate, bis die Fans draußen vor dem Café den Gehweg blockierten. Bald darauf tauchten Musikmanager in Limousinen auf, um die junge Sensation zu hören. »Alle Plattenfirmen kamen vorbei, wirklich alle«, erinnert sich Jewel.[123] Man zahlte ihr Flüge zu Meetings in schicken Büros. Ein Bieterwettstreit entspann sich, bis schließlich ein Vertragsbonus von *einer Million Dollar* auf den Tisch kam.

An dieser Stelle unternahm Jewel den Schritt, der ihre Geschichte für unsere Diskussion der Slow Productivity relevant macht. Überfordert von dieser ereignisreichen Wende, die ihr Leben genommen hatte – und die gleichzeitig ihren Ehrgeiz weckte und ihr Angst einjagte –, gelangte sie zu einer unerwarteten Entscheidung. Sie würde einen Vertrag unterschreiben, aber sie wollte das Geld nicht. »Ich lehnte den Vorschuss ab«, sagte sie. »Ich lehnte einen Bonus von einer Million ab. Als obdachloser Teenager.«[124]

Als Jewel im Inner Change Coffeehouse erstmals Aufmerksamkeit erregte, hatte sie keinen Manager und keinen Anwalt. Die Führungskräfte, die sie nach ihren Donnerstagabendauftritten zum Essen ausführten, schüchterten sie ein. In der Bibliothek besorgte sie sich ein Buch mit dem Titel *Alles, was man über das Musikbusiness wissen muss*. Hier erfuhr sie, dass Boni nichts anderes als Darlehen waren, die man durch seine Einnahmen zurückzahlen muss. Jewel überschlug das im Kopf und erkannte, dass sie beinahe auf der Stelle eine riesige Anzahl an Platten würde verkaufen müssen, damit der Millionenbonus sich für die Plattenfirma auszahlte. Das schien ihr unwahrscheinlich angesichts der Tatsache, dass sie eine Folksängerin war in einer Zeit, die von Grunge dominiert wurde, und dass sie noch kein Jahr lang professionell auftrat, überwiegend in ein und demselben Café.

Sie erinnert sich, was sie damals dachte: »Ich musste mich in eine Umgebung und eine Position bringen, in der ich als Singer-Songwriterin gewinnen konnte.« Und dazu musste sie sparsam sein.[125] Solange sie der Plattenfirma keine großen Kosten verursachte, so nahm sie an, würde sie weniger wahrscheinlich fallen gelassen, wenn sie sich nicht sofort als Hit entpuppte. Das wiederum würde ihr genügend Freiheit geben, um sich handwerklich zu verbessern und mit ihrer Musik etwas Neues und Außergewöhnliches zu schaffen. »Ich habe das nur gemacht, um mich in die Position zu bringen, meine Kunst an erste Stelle zu setzen«, erklärte sie später. [126] »Meine Kunst nicht über Gebühr auszuschlachten.«[127] Sie gab ihrer bewussten Vorgehensweise ein Motto: »Hartholz wächst langsam.«

Dieser Fokus auf Qualität statt auf schnelle Erträge zeigte sich auch in der Wahl ihres Produzenten. Ihre Plattenfirma, Atlantic Records, stellte Jewel zwanzig verschiedene Namen zur Auswahl. Viele davon waren in der Branche als Spitzenleute bekannt und wurden wegen ihrer Fähigkeit, Popgold zu spinnen, sehr geschätzt. Doch Jewel wollte etwas anderes: einen echteren und authentischeren Sound, deshalb lehnte sie alle zwanzig Vorschläge ab. Zu dieser Zeit hörten Jewel und ihr Manager sich Neil Youngs *Harvest Moon* an. Sie erkannte, dass *dies* der Sound war, den sie wollte. Auf der Rückseite der CD-Hülle suchten sie nach dem Namen des Produzenten: Ben Keith. Jewel ließ ihren Manager bei Keith anrufen und erfragen, ob er an dem Album arbeiten wolle. Er willigte ein. Jewel kehrte der Hektik von LA den Rücken, um mehrere Wochen auf Neil Youngs Ranch in Nordkalifornien zu verbringen, wo sie mit Youngs hochkarätig besetzter Begleitband Stray Gators an den Tracks für ihr Album arbeitete.

Als Jewels erstes Album *Pieces of You* 1995 endlich erschien, floppte es. »Die Radiosender hassten mich, sie hassten mich, sie hassten mich inbrünstig«, erklärte Jewel. »Ich meine, denken Sie an Nirvana und Soundgarden, und dann hören Sie sich einen Song an wie ›You Were Meant for Me‹, und Sie denken: ›Nein.‹«[128] Doch weil es die Plattenfirma nicht viel kostete, sie zu unterstützen, ließ sie die Künstlerin nicht fallen. So konnte Jewel ihre Energie darauf bündeln, durch Liveauftritte eine Fanbase aufzubauen, und das tat sie in unerbittlichem Tempo, indem sie »ein enormes Pensum« absolvierte, wie sie es nannte.[129] Ihrem Plan gemäß hielt Jewel ihre Ausgaben gering. Sie hatte weder Tourbus noch Tourmanager, sondern reiste preiswert mit Mietautos und trat ohne Band auf. Einmal schloss sie sich sogar einer Gruppe namens Earth Jam an, die Jewel kostenlos zu ihren abendlichen Auftritten beförderte, wenn sie im Gegenzug an einem Umweltprojekt teilnahm, das die Gruppe tagsüber an den örtlichen Highschools durchführte.[130]

Da die Abverkäufe weiterhin gering blieben, erhöhte sich der Druck auf Jewel, ihren Stil in eine lukrativere Richtung zu verändern. Schließlich zog sie sich in ein Aufnahmestudio in Woodstock, New York, zurück, um ein zweites Album einzuspielen, das kantigere, düsterere Texte aufwies, die besser zu der vom Grunge inspirierten alternativen Musik dieser Zeit passten. Sie war auch einverstanden mit dem Plan ihrer Plattenfirma, den angesagten Produzenten Juan Patiño zu verpflichten, der seinerzeit bekannt war für seine Arbeit an Lisa Loebs Hit »Stay« und der »You Were Meant for Me« in einer schnelleren und poppigeren Version neu bearbeiten sollte. (»Ich fand es grauenhaft«, war Jewels stillschweigende Reaktion auf Patiños Fassung.) Genau zu dem Zeitpunkt, als sie diesen Versuchungen ausgesetzt war, rief zum Glück Neil Young an und fragte Jewel, ob sie für ihn und Crazy Horse bei der aktuellen Tournee das Vorprogramm übernehmen wolle. Hinter der Bühne, während er auf den Auftritt wartete, bemerkte Young Jewels Ängstlichkeit. Er fragte, was los sei. Sie berichtete ihm offen von all dem Druck und Stress. Er reagierte mit einem entscheidenden Rat: »Schreib nicht fürs Radio. Niemals.«[131]

Jewel hörte auf Young und kehrte zu ihrem Plan zurück, es langsam anzugehen und den Schwerpunkt auf die Qualität zu legen. Sie verwarf das schon teilweise vollendete zweite Album und stellte Patiños Version von »You Were Made for Me« zurück. Stattdessen verstärkte sie ihre Touraktivität und konzentrierte sich auf Universitäten und Uniradiosender. Diese Strategie trug schließlich Früchte, und ihre erste Single »Who Will Save Your Soul« schaffte es mit wechselnder Platzierung in die Charts. Dann übertrug sie alles, was sie bei ihrer intensiven Tourneearbeit erlebt hatte, in eine neue und verbesserte Fassung von »You Were Meant for Me«. Sie hatte das Gefühl, dass sie bei dem ursprünglichen Song zu nervös war, den sie zu Anfang ihrer beruflichen Laufbahn auf Neil Youngs Ranch aufgenommen hatte, und dass ihr Unbehagen über das Zusammenspiel mit einer Band herauszuhören war. Ihre neue Version war entspannter und beseelter, und ihr langjähriger Freund Flea von den Red Hot Chili Peppers spielte darauf Bass. Jewels Plattenverkäufe durchliefen eine Veränderung. Die Zahlen gingen nach oben. Nachdem sie ein sinnliches Video zu »You Were Meant for Me« herausgebracht hatte, explodierten sie geradezu. Im ersten Jahr hatten sich von ihrem Album nur ein paar Tausend Exemplare verkauft, nun waren es beinahe eine Million jeden Monat. »Es war gigantisch«, erinnerte sich Jewel. »Ein kleiner Schneeball in der Hölle hatte genügend Schwung erreicht, um einen Gezeitenwechsel hervorzurufen.«[132] Hartholz wächst langsam.

Jewels Strategie, die Kunst über den Ruhm zu stellen, ist eine schöne Fallstudie für das dritte und letzte Prinzip der Slow Productivity: Qualität an oberste Stelle setzen. Wie die nachfolgende Definition besagt, wird eine humanere Langsamkeit unvermeidlich, wenn man seine Aufmerksamkeit darauf lenkt, die bestmögliche Arbeit zu leisten:

PRINZIP NR. 3: QUALITÄT AN OBERSTE STELLE SETZEN

Setzen Sie die Qualität dessen, was Sie schaffen, an oberste Stelle, selbst wenn das bedeutet, kurzfristig Chancen zu verpassen. Nutzen Sie den Wert dieser Ergebnisse, um auf lange Sicht immer mehr Freiheit für Ihre Tätigkeit zu erlangen.

Die in diesem Teil folgenden Kapitel beleuchten die ertragreiche Verbindung zwischen Qualität und Slow Productivity, die Jewels Geschichte beispielhaft hervorhebt. Qualität erfordert ein Verlangsamen. Ist sie erst einmal erreicht, hilft Ihnen das auch, die Kontrolle über Ihr berufliches Tun zu erlangen, und es gibt Ihnen die Möglichkeit, sich noch weiter von hektischer Betriebsamkeit zu entfernen. Diese erläuternden Kapitel werden dann von zwei Vorschlägen gefolgt, die einen pragmatischen Rat zur Wertschätzung von Qualität in ihrem eigenen Leben erteilen.

Es gibt einen Grund dafür, dass dieses Prinzip als Letztes vorgestellt wird: Es ist der Zement, der die Vorgehensweise der Slow Productivity zusammenhält. Weniger zu tun und mit natürlicher Geschwindigkeit zu arbeiten, sind beides absolut notwendige Komponenten dieser Philosophie; doch werden jene oben erwähnten Prinzipien für sich angewandt, ohne die dazugehörige hohe Wertschätzung von Qualität, schädigt das im Laufe der Zeit möglicherweise nur Ihre Beziehung zur Arbeit – es lässt Ihnen berufliche Leistungen als lästige Pflicht erscheinen, die Sie bewältigen müssen. Erst wenn Sie das von Ihnen Geschaffene an oberste Stelle setzen, wird die Langsamkeit mehr sein als bloß eine weitere Strategie inmitten des öden Kampfes zwischen Arbeit und Leben: nämlich vielmehr ein notwendiger Imperativ – ein Motor, der ein sinnerfülltes Berufsleben vorantreibt.

Vom Plattenvertrag zur E-Mail-Freiheit oder: warum Wissensarbeiter Qualität an oberste Stelle setzen sollten

Wenn es um Künstler geht, ist die Bedeutung von Qualität unmissverständlich klar. Jewel war eine wirklich gute Sängerin, daher bot Atlantic Records ihr einen Bonus von einer Million Dollar an. Wenn wir unsere Aufmerksamkeit auf die Wissensarbeit verlagern, wird diese Verbindung weniger offensichtlich. Die meisten von uns tun nicht nur eine Sache, zum Beispiel Singen oder Schauspielen, anhand derer unsere berufliche Leistung beurteilt wird. Das Sine qua non der Wissensarbeit ist vielmehr das Jonglieren mit vielen unterschiedlichen Zielen. Als Professor unterrichte ich, reiche Anträge ein, befasse mich mit der Dokumentation laufender Stipendien, betreue Studierende, sitze in Komitees, schreibe wissenschaftliche Aufsätze, gehe auf Vortragsreisen, um diese Aufsätze vorzustellen, und mühe mich mit ihrer Formatierung zum Zweck der Veröffentlichung ab. Im Augenblick erscheint alles wichtig. Die meisten anderen Tätigkeiten in diesem Sektor sind ähnlich vielfältig.

Doch wenn wir näher hinschauen, finden wir sogar in der Wissensarbeit eine oder zwei Kernaktivitäten, versteckt in unseren vollen To-do-Listen, die am meisten zählen. Wenn Professoren zum Beispiel eine Beförderung anstreben, fällt der größte Teil dessen, was unsere Tage ausfüllt, unter den Tisch. Die Entscheidung beschränkt sich dann auf umfangreiche vertrauliche Briefe, von prominenten Gelehrten erbeten, in denen die Wichtigkeit und der Einfluss unserer Forschung auf unserem Gebiet besprochen und diskutiert wird. Letztlich sind es hervorragende Forschungsarbeiten, die für uns zählen. Haben wir unser akademisches Fachgebiet nicht deutlich vorangebracht, dann kann uns auch kein noch so großes To-do-Listen-Martyrium retten. Auch bei anderen Positionen der Wissensarbeit lauern ähnliche Kernaktivitäten im Auge des Wirbelsturms. So wie Jewel eine tolle Sängerin sein musste, muss der Grafikdesigner letztlich erfolgreiche Grafiken schaffen, der Leiter der Entwicklungsabteilung muss Geld einbringen, die Marketingfachfrau muss Produkte verkaufen und die Managerin ein gut funktionierendes Team führen.

Das dritte und letzte Prinzip der Slow Productivity besagt, dass Sie die Qualität der Kernaktivitäten Ihres Berufslebens an oberste Stelle setzen sollen. Ziel ist hier nicht, wirklich gut zu werden, damit Sie wirklich gut in Ihrem Job sind (obwohl das auch etwas Schönes ist). Wie ich im Folgenden ausführen werde, sollten Sie sich auf die Qualität Ihrer Arbeit fokussieren, weil sich zeigt, dass Qualität auf unerwartete Weise mit unserem Wunsch verknüpft ist, der Pseudoproduktivität zu entkommen und etwas mehr Langsamkeit willkommen zu heißen.

Der imposanteste Teil von Jewels Geschichte ist der angebotene Millionen-Dollar-Bonus. Wichtiger für unsere Zwecke ist jedoch die Tatsache, dass sie ihn ablehnte. Wie gesagt erkannte sie, dass sie ihre Kunst auf eine höhere Qualitätsstufe bringen musste, um auf eine lange Karriere im Musikbusiness hoffen zu können. Die Ablehnung des Geldes machte sie für die Plattenfirma preiswert und kaufte ihr daher Zeit, um besser zu werden. Derselbe Effekt trifft auf viele verschiedene Bereiche zu: Die Qualität an oberste Stelle zu setzen, erfordert häufig, dass man langsamer wird, denn der Fokus, der fürs Besserwerden notwendig ist, lässt sich nicht mit Geschäftigkeit unter einen Hut bringen.

Im Kontext der Wissensarbeit ist Steve Jobs' triumphale Rückkehr zu Apple das vielleicht bekannteste Beispiel dafür, dass Qualität Langsamkeit verlangt. Als Jobs 1997 als Interims-CEO anfing, hatte das Unternehmen gerade ein Quartal mit um 30 Prozent gesunkenen Verkaufszahlen hinter sich. Rasch kam Jobs zu dem Urteil, dass das Problem von Apple nichts mit seiner breit gefächerten Produktlinie zu tun hatte. (Als Reaktion auf die Forderungen des Einzelhandels hatte das Unternehmen zahlreiche unterschiedliche Varianten seiner Kerncomputer entwickelt, darunter ein Dutzend verschiedener Versionen des einst viel gepriesenen Macintosh.) Gemäß Jobs' Biograf

Walter Isaacson begann Jobs, den Topmanagern eine einfache Frage zu stellen: »Welche Geräte soll ich meinen Freunden zum Kauf empfehlen?«[133] Als sie keine klare Antwort geben konnten, traf er die Entscheidung, die Produktlinie auf nur vier Computer einzuschränken: einen Desktop und einen Laptop für geschäftliche Anwendungen und einen Desktop und einen Laptop für Gelegenheitsnutzer. Es gab keinerlei Verwirrung mehr darüber, welches Apple-Gerät man nun nehmen sollte.

Ebenso wichtig war, dass diese Vereinfachung es Apple ermöglichte, seine Bemühungen auf Qualität und Innovation zu fokussieren: seine kleine Anzahl von Produkten herausragend gut zu machen. Das war zum Beispiel die Zeit, als der bunte, bauchige iMac und das skurrile aufklappbare iBook auf den Markt kamen. Die Entscheidung, Komplexität gegen Qualität einzutauschen, funktionierte. Während Jobs' erstem Geschäftsjahr, als sein Plan noch in der Umsetzung begriffen war, machte Apple über eine Milliarde Dollar Verlust. Im nächsten Jahr kehrte es wieder zu einem Gewinn von 309 Millionen Dollar zurück. »Es ist ebenso wichtig, zu entscheiden, was man nicht tut, wie zu entscheiden, was man tut«, erklärte Jobs.[134]

Diese Beziehung zwischen Qualität und Langsamkeit gibt es auch im kleineren Maßstab. Meine Leserumfrage enthielt mehrere Fallstudien von Personen, die herausfanden, dass das Streben nach Qualität Einfachheit erfordert. Ein Consultant namens Chris beispielsweise erzielte eine »viel höhere« Qualität der Kundenarbeit seines Teams, indem er das Bearbeiten von E-Mails auf eine Stunde morgens und eine halbe Stunde abends einschränkte und zugleich verlangte, dass sein Team jeden Nachmittag drei Stunden lang konzentriert arbeitete. In dieser Zeit waren keine Meetings, keine Nachrichten und keine Anrufe erlaubt. Die Forschungsleiterin Abby erzählte mir eine ähnliche Geschichte. Sie hatte sich »in Millionen Projekten verzettelt«, was sie anstrengend fand. Als sie eine neue Stelle antrat, beschloss sie daher, eine andere Strategie anzuwenden: Sie fokussierte ihre Energie auf genau zwei große Ziele. Diese Klarheit ermöglichte ihr die Abkehr von einer hektischen, übertriebenen Geschäftigkeit. »Wenn ich mir diese beiden übergeordneten Ziele vergegenwärtige, lässt mich das erkennen, wozu ich Nein sagen sollte und in welchem Tempo ich arbeite«, erklärte sie. Auch der

Non-Profit-Consultant Bernie nutzte eine »klar definierte Zielsetzung/Vision«, um seine Arbeit zu verlangsamen und zu fokussieren. Er fasste es so zusammen: »Täglich ein bisschen Qualitätsarbeit erzeugt mehr zufriedenstellende Ergebnisse als hektische Arbeit, die zusätzlich auf hektische Arbeit draufgesattelt wird.«

Das erste Prinzip der Slow Productivity besagt, dass man weniger tun sollte, weil die Überlastung weder ein humaner noch ein pragmatischer Ansatz für die Arbeitsorganisation ist. Der Fokus dieses dritten Prinzips auf Qualität dagegen verwandelt professionelle Einfachheit von einer Option in eine Grundbedingung. Haben Sie sich erst einmal darauf festgelegt, etwas sehr gut zu machen, wird Geschäftigkeit untragbar. Mit anderen Worten, dieses dritte Prinzip hilft Ihnen, am ersten festzuhalten. Wie wir jedoch im Folgenden sehen werden, wenn wir auf Jewels Geschichte zurückkommen, umfasst diese Beziehung zwischen Qualität und weniger tun auch noch eine weitere, subtilere Ebene.

Nach dem kometenhaften Erfolg ihres Debütalbums veröffentlichte Jewel 1998 den Nachfolger *Spirit*, der auf Platz drei der Billboard-Charts einstieg und sich in der ersten Woche 350.000-mal verkaufte. Um für die Platte zu werben, ging Jewel auf eine sechsmonatige internationale Tournee. Etwa zur selben Zeit hatte sie in Ang Lees *Ride with the Devil* ihr Debüt als Schauspielerin. Das erhöhte den Druck, dauerhaft nach Los Angeles zu ziehen, wo sie zwischen den größeren Plattenneuerscheinungen für weitere Filmrollen vorsprechen konnte. Doch in diesem Augenblick höchster Dynamik begann Jewel, ein paar Dinge zu überdenken. »Ich war mir nicht sicher, ob es mir gefiel, wie meine Karriere sich entwickelt hatte«, schreibt sie in ihrer Autobiografie. »Es war immer größer geworden, bis es zu einer Maschine wurde, die mich auffraß.«[135] Jewel verweigerte sich der Logik der Unterhaltungsindustrie, nach der man das Eisen schmieden soll, solange es heiß ist, und beschloss, das Tempo zu drosseln. Statt nach LA zu gehen, zog sie mit ihrem damaligen Freund, dem Rodeoreiter Ty Murray, auf eine Ranch in Texas.

»Ich musste nicht noch reicher oder berühmter werden«, erklärte sie. Danach machte sie nie wieder eine Auslandstournee.

Wie weiter oben festgestellt ist es nötig, langsamer zu werden, wenn man eine höhere Qualität anstrebt. In dieser Geschichte von Jewel, die aus dem raschen Tempo ihrer Branche ausstieg, kehren wir die Wechselwirkung zwischen diesen beiden Konzepten um. Um besser zu erklären, was ich damit meine, verlassen wir nun die exklusive Welt internationaler Tourneen und richten unsere Aufmerksamkeit stattdessen auf ein bescheidenes, modernes Haus am Ende einer langen Zufahrt im gemäßigten Regenwald von Vancouver Island. Hier treffen wir Paul Jarvis. Es lässt sich kaum genau beschreiben, womit Jarvis seinen Lebensunterhalt bestreitet, aber es kommt ein Computerbildschirm darin vor, und es ermöglicht ihm, einen Großteil seiner Zeit im Freien zu verbringen, wo er wandert und in seinen Gärten herumwerkelt. Wie wir sehen werden, ist diese Unergründlichkeit in gewisser Weise der entscheidende Punkt.

Ich stieß erstmals auf Jarvis, als sein Verleger mir ein Exemplar seines 2019 erschienenen Buches *Company of One* zuschickte. Die Kühnheit der These faszinierte mich: kein geschäftliches Wachstum anzustreben. Wenn man das Glück hat, dass die eigenen unternehmerischen Aktivitäten langsam mit Erfolg belohnt werden, so sagt er, sollte man diesen Erfolg nutzen, um mehr Freiheit zu erlangen statt mehr Einkünfte. Diese Dynamik lässt sich durch ein vereinfachtes Gedankenspiel gut erfassen. Stellen Sie sich vor, Sie verlangen 50 Dollar pro Stunde als Webdesigner. Bei vierzig Arbeitsstunden pro Woche und fünfzig Wochen jährlich beläuft sich das auf ein Jahreseinkommen von 100.000 Dollar. Stellen Sie sich nun vor, dass sich Ihre Fertigkeiten nach ein paar Jahren auf diesem Niveau noch verbessern und die Nachfrage nach Ihrem Angebot steigt. Der normale nächste Schritt wäre es, geschäftlich zu wachsen. Wenn Sie mehrere Designer einstellen, können Sie Ihr Unternehmen so vergrößern, dass es jährlich Millionen einbringt und Ihnen ein Gehalt verschafft, das weit über 100.000 Dollar im Jahr liegt. Setzen Sie dieses Wachstum fort, so besitzen Sie vielleicht eines Tages eine Firma, die wertvoll genug ist, um sie für einen soliden siebenstelligen Betrag zu verkaufen.

In seinem Buch regt Jarvis dazu an, eine Alternative in Betracht zu ziehen. Wie wäre es, Ihren Stundensatz auf 100 Dollar zu erhöhen, statt das Unternehmen zu vergrößern, nachdem Ihr Ruf sich verbreitet hat? Sie können nun Ihr Jahreseinkommen von 100.000 Dollar aufrechterhalten, indem Sie nur noch fünfundzwanzig Wochen im Jahr arbeiten – was Ihnen ein Berufsleben mit enorm viel Freiheit verschafft. Es wäre natürlich nett, in zehn Jahren einen siebenstelligen Betrag zu erhalten, aber bei all dem Stress und der Mühe, die es erfordert, ein Unternehmen der notwendigen Größe aufzubauen, steht keineswegs fest, dass Sie wirklich deutlich mehr erreicht hätten als in dem Szenario, in dem Sie sofort in der Lage sind, Ihre Arbeitszeit zu halbieren.

Jarvis' Philosophie spiegelt sich in den Entscheidungen wider, die er in seinem eigenen Berufsleben getroffen hat. Er studierte Computerwissenschaften, hatte aber auch ein natürliches Gespür für Design. Während des ersten Internet-Booms der 1990er-Jahre erwiesen sich diese beiden Fähigkeiten als perfekte Kombination für den Erfolg im sich entwickelnden Bereich Webdesign. Jarvis erstellte im Alleingang mehrere aufsehenerregende Websites, was bald zu Kundenanfragen führte. Wenig später war er ein viel beschäftigter Webdesigner, der in der Innenstadt von Vancouver »in einem gläsernen Würfel hoch im Himmel« wohnte.[136] Er empfand den normalen Druck, sein kleines Unternehmen zu vergrößern: Mehr Einkünfte würden eine bessere Wohnung und mehr Prestige bedeuten. Doch obwohl seine wachsenden Fertigkeiten diesen ausgetretenen beruflichen Weg unterstützten, war er nicht mit dem Herzen bei der Sache. »Meine Frau und ich hatten die Nase voll von der Stadt«, erinnerte er sich 2016 in einem Interview. »Wir hatten unsere Zeit in diesem Hamsterrad hinter uns und wollten etwas anderes.«[137] Ihm wurde bewusst, dass er seine freiberufliche Designarbeit von jedem Ort mit einer Internetverbindung aus leisten konnte, also zogen sie in ein Waldgebiet außerhalb von Tofino an der Pazifikküste von Vancouver Island, damit seine Frau, eine Surferin, die berühmten Brecher des verschlafenen Städtchens reiten konnte.

Wie sie feststellten, ist Bescheidenheit ganz einfach, wenn man in den Wäldern von Vancouver Island wohnt, denn da gibt es nicht viele Möglichkeiten, sein Geld auszugeben. »Wenn man so abgelegen lebt, gibt es keinen, der etwas für einen machen kann, man muss also eine Menge selbst erledigen«, erklärte Jarvis.[138] Von der Notwendigkeit entbunden, sein Einkommen zu erhöhen, um mit den Kosten des Stadtlebens mithalten zu können, nutzte Jarvis seine wachsende Qualifikation, um seine Arbeitsverpflichtungen flexibel und überschaubar zu halten. Zunächst konzentrierte er sich auf freiberufliche Designverträge. Weil er sehr gefragt war, konnte er seinen Stundensatz hoch ansiedeln und die Zahl seiner Projekte gering halten. Irgendwann hatte er aber keine Lust mehr auf Fristen und Kundenkommunikation, deshalb lotete er Möglichkeiten aus, um seine beachtlichen Kenntnisse und seinen guten Ruf noch stärker in Richtung einer umfassenden Langsamkeit auszubauen. Er begann, mit Onlineseminaren zu experimentieren, die verschiedene für Freiberufler relevante Nischenthemen abdeckten. Außerdem machte er zwei Podcasts und lenkte seine Aufmerksamkeit auf die stille Einführung von Software-Tools für begrenzte Märkte, darunter in jüngster Zeit auch Fathom Analytics, eine Alternative zu Google Analytics, die einen besseren Datenschutz gewährleistet.

Es ist schwierig, eine vollständige Liste der Dinge zu erstellen, an denen Jarvis in den letzten Jahren gearbeitet hat, denn seine vielfältigen Ideen scheinen zu kommen und zu gehen und hinterlassen nichts als eine Spur von toten URLs und überalterten Websites: genau das, was man von jemandem erwartet, der nicht versucht, das nächste Microsoft zu gründen, sondern stattdessen *gerade genug* zu arbeiten, um seine Neugier zu befriedigen und zugleich seinen langsamen, kostengünstigen Lebensstil zu ermöglichen. »Normalerweise stehe ich bei Sonnenaufgang auf, ich hatte noch nie einen Wecker«, erzählt Jarvis. »Während mein Kaffee zieht, stehe ich am Fenster und beobachte, wie die Wildkaninchen herumtollen, die Kolibris flattern oder hier und da ein gewiefter Waschbär meinen Garten zu zerstören versucht.«[139]

Sowohl Jewel als auch Paul Jarvis haben in ihrem Berufsleben eine ähnliche Lektion gelernt. Der Markt kümmert sich nicht um Ihr persönliches Interesse an der Verlangsamung. Wenn Sie mehr Kontrolle über Ihren Terminkalender haben wollen, müssen Sie im Gegenzug etwas bieten. In den meisten Fällen nutzen Sie dafür am besten Ihre eigenen Fähigkeiten. Das Herzerfrischende an Jarvis' Geschichte ist, dass sie zeigt: Um die Vorteile daran zu genießen, wenn man Qualität an oberste Stelle setzt, ist es nicht unbedingt erforderlich, sein gesamtes Leben dem Anstreben eines Superstarstatus zu widmen. Jarvis hat keine 15 Millionen Platten verkauft, sondern wurde im Laufe der Zeit gut in Kernkompetenzen, die in seinem spezifischen Arbeitsumfeld sowohl selten als auch wertvoll waren. Doch das genügte bei richtiger Anwendung, um sein Berufsleben maßgeblich zu vereinfachen. Wir haben uns so sehr an den Gedanken gewöhnt, die einzige Belohnung für das Besserwerden seien ein höheres Einkommen und größere Verantwortung, dass wir nicht bedenken, wie die Früchte des Qualitätsstrebens auch in Form einer nachhaltigeren Lebensweise geerntet werden können.

Wir haben nun zwei einander ergänzende Wege ergründet, wie der Pseudoproduktivität dadurch entgegengetreten werden kann, Qualität an oberste Stelle zu setzen: Beide *erfordern* und *ermöglichen* Langsamkeit. Die folgenden, von diesen Tatsachen motivierten Vorschläge helfen Ihnen dabei, Ihr Arbeitsleben neu aufzusetzen, indem Sie die wesentlichen Dinge besser machen. Sie leiten Sie auch dazu an, die dadurch geschaffenen Gelegenheiten zur Vereinfachung besser zu nutzen. Wenn Sie diesen konkreteren Rat in Erwägung ziehen, denken Sie an das Beispiel von Consultant Chris, der das Herzstück des Arbeitstags von Meetings und E-Mails befreite, oder an Paul Jarvis, der den baumgesäumten Pfad zu dem riesigen Garten hinter seinem Haus in Tofino entlanggeht. Die Qualität an oberste Stelle zu setzen, heißt nicht nur, Ihre Arbeit besser zu machen. Es ist vielmehr eine Art Geheimwaffe für alle, die sich für eine langsamere Form der Produktivität interessieren.

Vorschlag: Den eigenen Geschmack verbessern

Eine der pragmatischsten Aussagen, die je über Qualitätsarbeit getroffen wurden, stammt von Ira Glass, dem Schöpfer und Moderator der einflussreichen *NPR*-Sendung *This American Life*. In einem Interview über

Radioproduktionen und Storytelling, das online weite Verbreitung fand, gibt Glass den folgenden Rat:

> Wir Kreativen hängen uns alle rein, weil wir Geschmack haben. … Aber da scheint es eine Lücke zu geben. In den ersten paar Jahren, in denen Sie etwas machen, ist alles, was Sie produzieren, nicht so gut … es ist nicht so besonders. … Wenn Sie gerade angefangen haben und in diese Phase eintreten, sollten Sie wissen, dass das völlig normal ist, und das Wichtigste, was Sie tun können, ist viel zu arbeiten. … Setzen Sie sich eine Frist, damit Sie wissen, dass Sie jede Woche oder jeden Monat eine Story fertigstellen. … Nur wenn Sie wirklich einen Haufen Arbeit leisten, holen Sie irgendwann auf und schließen die Lücke, und dann ist die Arbeit, die Sie leisten, so gut, wie Sie sich das vorgestellt haben.[140]

Glass definiert »Geschmack« zu Recht als maßgeblich für das Erzielen von Qualität. Der Schaffensakt lässt sich in eine Reihe spontaner Ausbrüche neuer Möglichkeiten untergliedern, die dann durch irgendein unbeschreibbares Verständnis dessen gefiltert werden, was funktioniert und was nicht – die tief sitzende Intuition, die wir Geschmack nennen. In *Bird by Bird – Wort für Wort* beschreibt Anne Lamott auf elegante Art diesen Rhythmus des Schaffens. »Sie sitzen am Schreibtisch und starren mit leerem Blick auf die Seiten, die Sie gestern gefüllt haben. Und da auf Seite vier ist ein Absatz mit allen Arten von Leben darin, Gerüchen und Geräuschen und Stimmen und Farben«, schreibt sie. »Die ersten drei Seiten kümmern Sie nicht; Sie werfen sie weg, die haben Sie nur geschrieben, um zu dieser vierten Seite zu gelangen, um diesen einen langen Absatz zu erreichen, den Sie von Anfang an im Sinn hatten, nur dass Sie gar nichts davon wussten.«[141] In diesem Prozess dient Geschmack als Kompass, der Sie in der Landschaft möglicher Schöpfungen zu den Gipfeln hinauf- und aus den Tälern herausführt.

In seinen Ausführungen fokussiert sich Glass auf die Lücke, die oftmals zwischen Geschmack und Fähigkeit besteht – besonders zu Beginn einer kreativen Laufbahn. Es ist leichter, erkennen zu lernen, was gut ist, als die Fertigkeiten zu erwerben, die zur Erfüllung dieses Anspruchs benötigt werden, bemerkt er. Ich sehe, wie brillant die monumentale dreiminütige Kamerafahrt zum Auftakt von Paul Thomas Andersons *Boogie Nights* ist,[142] aber ich hätte keine Ahnung, wie ich selbst etwas so Großartiges filmen könnte. In dieser Tatsache liegt eine grundlegende Frustration. Ihr Geschmack kann Sie zu der besten Arbeit führen, die Sie im Moment leisten können, aber er kann Ihr Endergebnis auch mit einem Gefühl der Enttäuschung verknüpfen. Glass sagt, erst durch unseren Wunsch, diese ungute Selbsteinschätzung zu überwinden – den Abstand zwischen unserem Geschmack und unseren Fähigkeiten zu verringern –, könne eine Verbesserung entstehen. Sein Aufruf an jene, die ihre Laufbahn gerade erst begonnen haben, lautet, weiterhin Arbeit zu investieren, denn nur durch dieses bewusste Bemühen schließt sich die Lücke.

Das ist gewiss ein nützlicher Ratschlag, aber ihm fehlt ein gleichermaßen entscheidendes Element: die vorangehende Entwicklung Ihres Geschmacks. »Wir Kreativen hängen uns alle rein, weil wir Geschmack haben«, sagt er. Aber wie kommt er zu dieser Einschätzung? In anderen Interviews sprach Glass manchmal von seiner Frustration über die mindere Qualität seiner ersten Radiobeiträge. In Michael Lewis' Podcast beispielsweise zerpflückt Glass 2022 in einem Gespräch einen Radiobericht, den er 1986 zum fünfundsiebzigsten Geburtstag des Oreo-Kekses aufgenommen hat. Er sagt Lewis, der Beitrag sei »entsetzlich mittelmäßig« und »keine besonders gute Story«. Das mag zunächst eine gute Illustration jener Lücke zwischen Geschmack und Können sein, die Glass zufolge alle Kreativen überwinden müssen. Doch im weiteren Verlauf seines Gesprächs mit Lewis wird klar, dass Glass zum Zeitpunkt der Aufnahme nicht unbedingt erkannt hat, wie schwach der Beitrag war. »Ich weiß noch, als ich damit fertig war, da war ich so, ich weiß noch, ich dachte mir, okay, ich hab's endlich geschafft, ich weiß jetzt endlich, was ich da tue«, erinnert er sich.[143]

Wir haben es hier mit einer nuancierteren Geschichte über Qualitätsarbeit zu tun. Glass' Geschmack ist 2022 verfeinerter, als er es 1986 war. Sein Erfolg entstand nicht nur durch sein Bemühen, den eigenen hohen Maßstäben gerecht zu werden, sondern auch durch sein Bestreben, diese Maßstäbe im Laufe der Zeit zu *erhöhen*. Kehren wir noch einmal zurück zum Beispiel der Romanschriftsteller, so finden wir diese Realität auch darin gespiegelt, wie viele erfolgreiche neue Autorinnen und Autoren Masterstudiengänge für kreatives Schreiben besucht haben. Beispielsweise habe ich die Biografien der fünf Finalisten für den jüngsten PEN/Hemingway Award for Debut Novel recherchiert (zum Zeitpunkt, als ich dieses Kapitel verfasste), eine angesehene Ehrung im Bereich der erzählenden Literatur. Von diesen fünf Finalisten haben vier vor der Veröffentlichung ihrer preisverdächtigen Bücher einen Master of Fine Arts für kreatives Schreiben belegt oder Kurse in einem solchen Programm unterrichtet.[144] Die Kraft dieser Schreibstudiengänge liegt nicht in ihren expliziten Schreibanleitungen, die minimal sind, sondern vielmehr in der elitären Gemeinschaft, die sie den künftigen Romanciers bieten. Wenn man zwei Jahre lang die Arbeiten anderer junger Schreibender liest und kritisiert und bewundert, die ihr Schreiben in neue und interessante Richtungen vorantreiben, erhöhen sich die eigenen Maßstäbe dessen, was das Schreiben bewirken kann. Man muss natürlich keinen dieser Studiengänge besuchen, um in der Literatur erfolgreich zu sein. Colson Whitehead beispielsweise ist zweifellos einer der talentiertesten Romanautoren seiner Generation, und doch hat er nicht über seinen Bachelorabschluss hinaus studiert. Doch es gibt einen Grund, warum die Masterstudiengänge für kreatives Schreiben so häufig von erfolgreichen Autorinnen und Autoren besucht wurden: Sie stellen ein wirkungsvolles Trainingsprogramm für den literarischen Geschmack dar.

Wenn wir von der Versessenheit auf Qualität im Stile von Ira Glass schwärmen, übersehen wir häufig die Wichtigkeit, zunächst unsere internen Filter zu entwickeln. Es ist spannender, sich auf Leistung, Antrieb und Sorgfalt zu fokussieren – doch egal wie hart Sie an Ihrer sprichwörtlichen Radiosendung oder Ihrem Romanmanuskript arbeiten, Sie werden keine Brillanz erzielen, wenn Sie keine rechte Vorstellung davon haben, was Brillanz bedeuten könnte. Dieser Vorschlag soll dieses Versäumnis korrigieren. Es folgt eine Auswahl praktischer Ratschläge, mit denen Sie ein besseres Gefühl dafür bekommen können, was in Ihrem Bereich möglich ist.

CINEAST WERDEN

Eine der besten Maßnahmen, die ich in letzter Zeit unternommen habe, um die Qualität meines Schreibens zu verbessern, bestand darin, den Quentin-Tarantino-Film *Reservoir Dogs* anzusehen. Um diese Behauptung zu verstehen, sollten Sie zunächst wissen, dass ich immer schon ein Filmfan gewesen bin. Vor der Geburt unserer Kinder haben meine Frau und ich praktisch jeden wichtigen neuen Film gesehen. In dieser Prä-Netflix-Ära haben wir uns auch viele der interessanteren Dokumentationen angeschaut, die es irgendwie in die Independent-Kinos von Boston geschafft hatten. Doch erst mit vierzig kam mir der Gedanke, dass es Spaß machen könnte, die Kunst des Filmemachens systematischer zu untersuchen. In meinem Buch *Digitaler Minimalismus* habe ich ausführlich über die Bedeutsamkeit von hochwertigen Freizeitaktivitäten geschrieben. Erst an diesem bemerkenswerten Geburtstag in der Lebensmitte wurde mir klar, dass ich meinen eigenen Rat nicht befolgte. Zwischen meiner Arbeit als Professor und Autor, meiner Rolle als Vater und meiner Neigung, jegliche verbleibende Freizeit mit Lesen zu verbringen, hatte ich irgendwie nichts, das ich als ernst zu nehmendes Hobby hätte bezeichnen können – daher dachte ich mir, in Anbetracht meines bereits vorhandenen Interesses könnte ich es mal mit Kino probieren.

Ich begann damit, ein einführendes Lehrbuch über Filmtheorie zu lesen, aber das fand ich nicht sehr hilfreich. Konzepte wie Schnitt und Ton wurden mit abstrakten, vereinfachten Begriffen besprochen, die gewissermaßen als Glossar für fortgeschrittene Kurse dienten, die in einem typischen Studiengang folgen würden. Als Nächstes probierte ich es mit Roger Eberts *The Great Movies*, das einhundert Essays über einhundert Filme enthält, die dem verstorbenen Kritiker und Pulitzer-Preisträger bahnbrechend erschienen. Das brachte schon mehr, weil das Buch unmittelbar konkretes Lob für konkrete Filme vermittelte. Auch Tarantinos Essaysammlung *Cinema Speculation* erwies sich als wichtige Quelle der Erkenntnis darüber, was einen guten Film gut macht und, ebenso wichtig, was einen lustigen Film lustig macht.

Die nützlichste Übung von allen war aber, mir einfach einen viel beachteten Film auszusuchen, etwa ein halbes Dutzend Kritiken und Besprechungen darüber zu lesen und mir dann den gesamten Film anzuschauen. Eine fortgeschrittene Variante, die ich entdeckt habe, bestand darin, in Kinomagazinen oder Kinoforen nach Artikeln über den fraglichen Film zu suchen, denn darin sind oft erfreulich ausführliche Betrachtungen der Kamera- und Schnitttechnik enthalten. Wussten Sie beispielsweise, dass der Regisseur George Miller und der Kameramann John Seale (der dafür extra aus dem Ruhestand zurückkam) im Film *Mad Max: Fury Road* den Fokus jeder Einstellung bewusst im Mittelpunkt des Bildes platziert haben, was gegen die cineastische Konvention verstößt, dafür aber die actionreichen, schnellen Schnitte für den Zuschauer besser lesbar macht?[145] Als ich von dieser Zentrierungstechnik erfuhr, die der Kameramann Vashi Nedomansky in einem Artikel beschrieb, veränderte das meine Einstellung gegenüber Millers Meisterwerk von Grund auf.

Das bringt uns zurück zu *Reservoir Dogs*. Mein Selbstbildungsprojekt führte mich unweigerlich an Tarantinos Klassiker von 1992 heran, der die unabhängige Filmszene neu belebte, nach zehn Jahren voll lähmender Hollywood-Blockbuster nach bewährtem Rezept. Als ich las, dass er sich nicht linearer Narrative und der Rekonstruktion von Genremotiven bediente, wurde mir klar, dass mein Interesse an Filmen sich auf mein Denken über mein eigenes Schreiben auswirkte. Die meisten meiner jüngeren Sachbücher tendieren zum Beispiel in eine Richtung, die ich informell als »kluge Selbsthilfe« bezeichne. Darin mischen sich die Konventionen der üblichen Ratgeberliteratur – eines Genres, das ich als Teenager und junger Erwachsener verschlang und das ich überaus schätze – mit komplexeren Formen der allgemeinen Sachliteratur. Die meisten Bücher in diesen Kategorien gehören entweder in die eine oder in die andere Schublade: Man ist entweder Stephen Covey oder Malcolm Gladwell. Ich kombiniere beides gern miteinander. Bisher hatte ich nicht viel über diese Entscheidung nachgedacht, nur dass sie sich für mich eben selbstverständlich anfühlte. Doch als ich mich mit Tarantino beschäftigte, wurde mir klar, dass es eine wirkungsvolle kreative Übung sein kann, mit niedrigeren Genremotiven zu arbeiten, um höhere Ziele zu erreichen, wenn man ihnen die richtige formale Aufmerksamkeit schenkt. Filme haben nichts mit meinem Autorenberuf zu tun, aber das Erforschen von Filmen hat meine Ambitionen als Autor gesteigert.

In dieser Fallstudie ist nichts Besonderes am Kino. Die wichtigere Beobachtung ist, dass es nützlich sein kann, sich intensiv mit Bereichen zu befassen, die sich vom eigenen *unterscheiden*. Es kann hinderlich sein, unmittelbar große Werke in Ihrem Feld zu studieren, denn Sie wissen bereits zu viel darüber. Die Konfrontation mit dem Unterschied zwischen den Werken der Meister und Ihren eigenen derzeitigen Fähigkeiten ist entmutigend. Wenn Sie dagegen einen nicht damit zusammenhängenden Bereich untersuchen, verringert sich der Druck, und Sie können sich dem Thema mit mehr spielerischer Offenheit widmen. Wenn ich herausragende Sachbuchautoren lese, stelle ich oft fest, dass ich das Buch angespannt umklammere, im Bemühen herauszufinden, was sie anders machen als ich. Das ist hilfreich, aber auch anstrengend. Wenn ich dagegen einen herausragenden Film untersuche, kann ich ihn einfach ohne Vorbehalt genießen, und das vermittelt mir einen erfrischenden Funken der Inspiration. Berücksichtigen Sie das auf Ihrem eigenen Weg zur Entwicklung einer regelrechten Qualitätsbesessenheit. Sie müssen sich in Ihrem eigenen Gebiet auskennen, das ist klar, aber achten Sie auch darauf, was in anderen Bereichen herausragt. Darin finden Sie eine flexiblere Inspirationsquelle, eine Erinnerung daran, was den Akt des kreativen Schaffens überhaupt so aufregend macht.

IHRE EIGENEN INKLINGS GRÜNDEN

Mitte der 1930er-Jahre gründete C. S. Lewis, damals Professor für Englische Literatur am Magdalen College der Universität Oxford, einen informellen Schreib- und Diskussionsclub. Er lud seine Freunde zur Teilnahme ein, darunter bemerkenswerterweise auch J. R. R. Tolkien, der seinerzeit ebenfalls als Professor in Oxford unterrichtete. Anfangs trafen sie sich etwa einmal in der Woche in Lewis' Räumlichkeiten am Magdalen, lasen dort in Entstehung befindliche Texte und sprachen über ihre literarischen Anliegen. Später kam die Tradition hinzu, sich an einem Vormittag der Woche im Eagle and Child, einem Pub im Zentrum von Oxford, auf ein Bier und eine Diskussion zu treffen. Sie nannten sich selbst die Inklings.*

* Anm. d. Ü.: Wörtlich: Andeutung, Ahnung. Zugleich ist der Name ein Wortspiel mit englisch »ink« (Tinte), freier übersetzt also etwa: Tintling.

Im Rahmen dieser Treffen entwickelte Lewis sein Interesse am Schreiben von spekulativen Romanen. Mit der Unterstützung und Hilfe der Gruppe brachte er 1938 *Jenseits des schweigenden Sterns* heraus, die Geschichte einer Weltraumreise, die einige der entmenschlichenden Tendenzen zu korrigieren versuchte, die er und Tolkien in der frühen Science-Fiction-Literatur dieser Zeit beobachtet hatten. Dies war der erste Teil einer Romantrilogie, welche die Grundlage dafür schuf, dass er seine literarischen Ambitionen auf die Welt der Fantasy verlagerte, was schließlich zu den *Chroniken von Narnia* führte. Tolkien seinerseits profitierte sehr vom Feedback aus der Gruppe, das sich auf seine wachsende Sammlung miteinander verbundener fiktionaler Mythologien auswirkte, aus denen später *Der Herr der Ringe* entstehen sollte. Tatsächlich bezeichnet der Biograf Raymond Edwards die Inklings als »partielle Hebamme« für Tolkiens Fantasy-Meisterwerk.[146]

Spätere Kommentatoren gaben an, die Inklings hätten sich mit der konkreten Mission getroffen, dem Modernismus entgegenzutreten und fantastische Erzählformen zu entwickeln, die einen besseren Zugang zur christlichen Moral ermöglichen würden. Doch Edward bezeichnet eine solche Analyse sowohl als »übermäßig pathetisch« wie auch als »übertrieben«. »Die Inklings waren vor allem eine Gruppe von Freunden rund um Lewis. … Wie bei den meisten ›Autorengruppen‹ bestand ihre Hauptfunktion darin, ein Publikum zu bieten, zuzuhören sowie zu kritisieren und zu ermutigen«, führt er aus.[147] Genau darin liegt die Lektion, die uns die Inklings bieten. Wenn man sich mit anderen zusammenschließt, die ähnliche berufliche Zielsetzungen haben, kann der kollektive Geschmack der Gruppe dem eines jeden Individuums überlegen sein. Das liegt zum Teil an der Vielfältigkeit der Vorgehensweisen, mit denen Menschen in einem beliebigen Bereich kreativ tätig werden. Wenn Sie die Ansichten mehrerer Fachleute Ihres Handwerks zusammenführen, entstehen mehr Möglichkeiten und Abstufungen. Zudem hat die Darbietung vor einem Publikum eine fokussierende Wirkung. Wenn man andere beeindrucken oder etwas Bedeutsames zum Gespräch beitragen möchte, erreicht der Verstand eine höhere Ebene, als das bei der Introspektion im Alleingang möglich ist. Die Gründung einer Gruppe Gleichgesinnter, die alle danach streben, ihr Schaffen zu optimieren, ist wie eine

Abkürzung auf dem Weg zur Verbesserung Ihres Geschmacks und stellt eine umgehende Steigerung des Qualitätsstandards dar, den Sie sich setzen.

EIN NOTIZBUCH FÜR 50 DOLLAR KAUFEN

Im Frühjahr 2010, zu Beginn meines ersten Jahres als Postdoc der Computerwissenschaften, beschloss ich aus einer Laune heraus, mir ein hochwertiges Labornotizbuch zu kaufen, das ich im MIT-Buchladen entdeckt hatte. Sein schweres, säurefreies Papier in Archivqualität war dezent kariert, und rechts oben waren große schwarze Seitenzahlen aufgedruckt. Das Notizbuch wurde von einer stabilen Doppelspirale zusammengehalten und hatte einen dicken Pappeinband. Laborbeschäftigte nehmen diese Notizbücher sehr ernst. Die Aufzeichnung ihrer Experimente und Ergebnisse strukturiert nicht nur ihre Arbeit, sondern kann auch maßgeblich bei Patentstreitigkeiten sein. (Alexander Graham Bells sorgsam geführte Labornotizbücher spielten etwa eine entscheidende Rolle in seinem erfolgreichen Patentstreit mit dem konkurrierenden Telefonerfinder Elisha Gray.[148])

Der Preis für diese besondere Qualität ist hoch. Ich weiß zwar nicht mehr genau, was ich 2010 für das Notizbuch bezahlt habe, aber ich kann mich erinnern, dass es damals für mich eine Menge war – vermutlich irgendwas um die 50 Dollar. Doch der Preis machte auch einen Teil der Anziehungskraft für mich aus. Zu wissen, wie viel ich dafür ausgegeben hatte, so stellte ich mir vor, würde mich sorgfältiger machen bei allem, was ich auf die schweren weißen Seiten schrieb, und das würde mich zu einem strukturierteren und sorgsameren Denken zwingen. Das klingt vielleicht nach einer schrägen Logik, aber die Fortschritte in der theoretischen Computerwissenschaft lassen sich oft auf ein kognitives Feiglingsspiel reduzieren, bei dem derjenige am Ende das präzisere Ergebnis erhält, der länger die mentale Unannehmlichkeit erträgt, ein Glied der Beweiskette in Gedanken durchzuarbeiten. Meine größte Selbstkritik als Wissenschaftler war damals, dass ich zu schnell aufgab, wenn ich versuchte, intensiv über einen Lehrsatz oder einen neuen Algorithmus nachzudenken. Ich hoffte, dass ein schickes Notizbuch mich ein bisschen länger bei der Stange halten würde.

Am Ende benutzte ich dieses Notizbuch etwas länger als zwei Jahre, meine letzten Einträge stammen aus dem Dezember 2012 – ein Zeitraum, der mein gesamtes Postdoc- und mein erstes Jahr als Dozent umfasst. Ich kann diese exakten Daten deshalb nennen, weil ich das Notizbuch neulich zwischen alten Terminkalendern gefunden habe, die sich in einem hinteren Fach meines Schlafzimmerschranks stapelten. Während ich es durchblätterte, war ich verblüfft, wie säuberlich ich meine Gleichungen und Diagramme niedergeschrieben hatte. (In den billigeren Notizbüchern, die ich in Mehrfachpacks kaufe, ist mein Gekritzel oft kaum lesbar.) In diesem gesamten Zeitraum von zwei Jahren nutzte ich nur siebenundneunzig Seiten des Notizbuches und beschrieb jede davon bis zum Rand. Noch etwas fiel mir auf, nämlich die Vertrautheit vieler Beweisskizzen und Gleichungen, die es in das Notizbuch geschafft hatten. Als ich diese siebenundneunzig Seiten durchsah, entdeckte ich wesentliche Ergebnisse aus Forschungen, die in sieben verschiedene Peer-Review-Veröffentlichungen eingeflossen waren, und ebenso die grundlegenden Überlegungen, die zu meinem ersten großen Stipendium der National Science Foundation als junger Professor führten. Dies war nur eins der vielen verschiedenen Notizbücher, die ich in diesem kurzen Zeitraum meiner akademischen Laufbahn genutzt hatte, aber ohne Zweifel spielte dieses ungewöhnlich teure Exemplar eine überproportional große Rolle in meiner Produktivität.

Die grundsätzliche Idee, dass hochwertiges Werkzeug die Qualität der Arbeit verbessern kann, ist nicht auf meine frühe akademische Laufbahn beschränkt. Romanschriftsteller erleben einen Energieschub, wenn sie von einer Standardtextverarbeitung auf eine professionelle Schreibsoftware wie Scrivener umstellen, genau wie Drehbuchautoren sich leistungsfähiger fühlen, wenn sie Final Draft kaufen, um ihre Filmskripte zu verfassen. Es stimmt natürlich, dass diese teureren Instrumente mehr Funktionen enthalten als ihre günstigeren Gegenstücke, aber dieses Gefühl von »Ich bin jetzt ein Profi«, das sie auslösen, ist unbestreitbar ebenso wertvoll. Einen ähnlichen Effekt können wir bei Podcastern beobachten, die sich das Shure-Mikrofon für 300 Dollar kaufen, das bekanntermaßen auch Joe Rogan verwendet hat. In den meisten Fällen wird ihrem Publikum der geringfügige Qualitätsunterschied zwischen diesem Profimikro und einer günstigeren USB-Version gar nicht auffallen, aber für den aufstrebenden Podcaster ist das ein Signal an sich selbst, dass er sein Vorhaben ernst nimmt. Eine solche Dynamik erleben wir auch, wenn Computerprogrammierer sich einen aufwendigen digitalen Arbeitsplatz mit zwei oder drei Monitoren einrichten. Diese Programmierer werden schwören, dass es die Produktivität auf einen Schlag erhöht, mehrere Bildschirmfenster gleichzeitig sehen zu können. Bis zu einem gewissen Grade stimmt das, aber frühere Generationen von Computerprogrammierern waren ja anscheinend auch sehr produktiv, ehe Grafikkarten eingeführt wurden, die mehrere Monitoranzeigen unterstützten. Ein Teil der Wirkmächtigkeit dieser Umgestaltung am Arbeitsplatz beruht auf ihrer Komplexität, die den Anwender in einen bestimmten geistigen Zustand versetzt, bereit für die schwere Arbeit, effiziente Programme zu schreiben.

Das Streben nach Qualität ist kein beiläufiges Vorhaben. Wenn Sie sich mental auf Ihre Pläne zur Weiterentwicklung Ihrer Fähigkeiten einlassen wollen, ist die Investition in Ihre Arbeitsmittel ein guter Ausgangspunkt.

Intermezzo: Was ist mit Perfektionismus?

Als ich an diesem Kapitel arbeitete, erhielt ich eine Mitteilung von einer Professorin mit Namen Meegan, die sich Gedanken machte über meine Verwendung der Formulierung *Qualität an oberste Stelle setzen.* Sie hatte unlängst das Manuskript für ein Buch fertiggestellt und abgegeben, für dessen Beendigung sie »viel zu lange« gebraucht hatte, weil sie »diese Vorstellung verinnerlicht hatte, dass jeder einzelne Aspekt perfekt sein muss«. Es könne lähmend sein, die Qualität an oberste Stelle zu setzen, führte sie aus. Natürlich sei Qualität wichtig, aber wenn sie alles dominiert, wird man möglicherweise nie fertig.

Wie an jeder Stelle in diesem Buch können wir auch hier einen ausgewogenen Umgang mit diesem Thema in der Welt der traditionellen Wissensarbeit finden. Lenken wir unsere Aufmerksamkeit auf die Popmusik und hier insbesondere auf das Jahr 1967: ein Jahr, in dem diese Kunstform sich auf tiefgreifende, aber komplizierte Art und Weise veränderte. Der Keim für diese Verwandlung wurde 1966 gelegt, als die Beatles nur wenige Tage nach der Fertigstellung ihres siebten Studioalbums *Revolver* auf Welttournee gingen. Der Plan war, in Westdeutschland anzufangen, dann sollte es weitergehen nach Tokio und anschließend nach Manila. Nach einer Pause sollte die Tour weitere zwei Wochen mit Auftritten in Nordamerika fortgesetzt werden und schließlich mit einem letzten, umwerfenden Konzert im riesigen Candlestick Park in San Franciso enden.

Schnell traten Probleme auf. In Japan war es den Tourorganisatoren schwergefallen, einen ausreichend großen Veranstaltungsort zu finden, um den erwarteten Mengen Platz zu bieten. Sie entschieden sich für die Nippon Budokan, eine gigantische Arena, die ursprünglich für den Judowettbewerb während der Olympischen Spiele in Tokio 1964 gebaut worden war. Doch in Japan ist Judo heilig, und das galt ebenso für die Budokan als Veranstaltungsort im kaiserlichen und spirituellen Zentrum der Stadt, gleich angrenzend an den Palast des Kaisers. Wie Clifford Williamson sagte – ein Historiker, der 2017 einen Artikel über die Beatles-Tournee von 1966 verfasste –, sorgte die Tatsache, dass eine westliche Popband in einem derart aufgeladenen Umfeld spielen sollte, für »enormen Gegenwind«.[149] Der japanische Premierminister verlieh seinem »Missfallen« Ausdruck, ebenso mehrere wichtige Medienvertreter. Drohungen von extremistischen Gruppen wie der Greater Japan Patriotic Party waren beunruhigend genug, um die Beatles darüber debattieren zu lassen, ob sie den Auftritt ausfallen und das Land gänzlich meiden sollten. Letztlich wurden über 35.000 Polizeieinsatzkräfte mobilisiert, die für ihre Sicherheit sorgen sollten.[150]

Bei der nächsten Station auf dem Tourneeplan, der philippinischen Hauptstadt Manila, hätte alles einfacher sein sollen. Doch das war es nicht. »Wir waren kaum gelandet, da traf eine schlechte Nachricht nach der anderen ein«, erinnerte George Harrison sich später.[151] Im Vorfeld des Besuchs hatte Imelda Marcos, die Frau des kleptokratischen philippinischen Präsidenten Ferdinand Marcos, die Beatles zu einem Empfang im Präsidentenpalast eingeladen. Gemäß der üblichen Regel der Band, diplomatische Anlässe zu meiden, lehnte ihr Manager Brian Epstein ab. Wie Williamson erklärt, war das ein Fehler. Imeldas Anfrage war keine Einladung gewesen, sondern »eine Vorladung«.[152] Die philippinischen Medien berichteten von der Kränkung, im Fernsehen wurden leere Tische und weinende Kinder bei dem Empfang gezeigt. Imelda behauptete, sie fände die Rolling Stones besser. Es folgte weiterer Gegenwind, und bald wurden die Beatles mit einer Vielzahl von kleinlichen Racheakten konfrontiert. Der Zimmerservice im Hotel ignorierte ihre Anrufe. Die versprochene Hilfstruppe, die das Equipment der Band transportieren sollte, verschwand. Am nationalen Flughafen wurden die Aufzüge abgeschaltet, was die Musiker mit ihrem Gepäck zum Erklimmen der Treppen zwang, als sie in aller Eile das Land verließen.

Die nachfolgende Rückkehr der Band nach Nordamerika brachte nur wenig Erleichterung dieser Spannungen. Einige Monate zuvor hatte John Lennon ein Interview mit dem *Evening Standard* geführt. Das Porträt war wenig bemerkenswert, doch zwischen langweiligen Banalitäten war das folgende provokante Zitat versteckt: »Das Christentum wird vergehen, es wird verschwinden und schrumpfen. ... Wir sind jetzt bekannter als Jesus.«[153] In Großbritannien blieb die Aussage unbemerkt, doch genau zu der Zeit, als die Band für die letzten Auftritte ihrer Tournee von 1966 in den USA eintraf, druckte die Jugendzeitschrift *Datebook* das Interview ab und lenkte die Aufmerksamkeit auf Lennons Zitat über Jesus. Die Empörung in den amerikanischen Südstaaten war immens. Es wurden Boykotte organisiert und Beatles-Platten verbrannt. Der Ku-Klux-Klan drohte mit Gewalttaten. Erneut dachte die Band darüber nach, ob sie Auftritte absagen sollte, und Lennon musste eine öffentliche Entschuldigung abgeben. Im August erreichten die Beatles endlich San Francisco, die letzte Station ihrer Tournee. Als die Band für ihren Auftritt zum Candlestick Park fuhr, erschöpft von den Kontroversen der vergangenen Monate und ganz zu schweigen von der allgemeinen Müdigkeit, nachdem sie in drei Jahren sieben Alben aufgenommen und promotet hatten, trafen John, Paul, George und Ringo eine schicksalhafte Entscheidung: Sie würden nicht mehr auf Tournee gehen. Nie wieder.

Diese Entscheidung der Beatles, nicht mehr aufzutreten, führte schließlich im folgenden Jahr 1967 zu einer Verwandlung der Popmusik. Drei Monate waren seit ihrem Konzert in San Francisco vergangen, und nun versammelte sich die Band ausgeruht und erholt in den Londoner EMI-Studios, um eine neue Art von Popalbum aufzunehmen. Ohne die Notwendigkeit, ihre Songs in Stadien und Konzertsälen aufzuführen, hatten sie die Freiheit, zu experimentieren. »Mit der Hilfe und Unterstützung des Produzenten George Martin bestanden die Beatles auf klanglichen Abstraktionen, ließen die realistischen Illusionen der meisten Studioaufnahmen hinter sich und verzerrten und manipulierten Klänge auf eine Art, die sich nicht auf der Bühne hätte reproduzieren lassen«, erklärte der Musikkritiker Jon Pareles von der *New York Times*.[154]

Die Band veränderte die Geschwindigkeit von Tonbändern und legte verschiedene musikalische Stilrichtungen im selben Song übereinander. Sie integrierten indische Instrumente, die George Harrison unter Anleitung von Ravi Shankar zu spielen gelernt hatte, darunter Sitar, Tamburizza und Swarmandal, und engagierten klassische Musiker für Streicher- und Hornbegleitungen. Am Ende verbrachten sie rund 700 Stunden im Studio, verteilt auf 129 Tage. (Um einordnen zu können, wie extravagant ein derart ausführlicher Aufnahmeprozess seinerzeit war, denken Sie daran, dass das erste Beatles-Album *Please Please Me*, das 1963, also vier Jahre zuvor erschienen war, innerhalb eines einzigen Tages aufgenommen wurde und weniger als 700 *Minuten* Studiozeit erfordert hatte.) Das Ergebnis all dieser kreativen und gewissenhaften Bemühungen waren zwölf Tracks von etwas über einer halben Stunde Spielzeit, die das erste kommerzielle Konzeptalbum in der Geschichte der Popmusik bildeten. Die Beatles nannten es *Sgt. Pepper's Lonely Hearts Club Band*. Es verkaufte sich innerhalb der ersten drei Monate 2,5 Millionen Mal und gelangte auf Platz eins der Billboard-Charts, wo es drei Monate lang blieb – die längste Verweildauer auf dem Spitzenplatz, die ein Beatles-Album je erzielt hat. Was vielleicht noch wichtiger war: Es zerstörte fast nebenbei die lange Zeit dominante Kultur der Pop-Singles und Hitparaden-Charts. Es machte das Album zum bestimmenden künstlerischen Ergebnis der Popmusikszene und schuf eine neue Ära progressiver Musik und klanglicher Experimente.

Doch die Befreiung der Popmusik von den Beschränkungen der Aufführbarkeit erwies sich bald als zweischneidiges Schwert. Die achte Veröffentlichung der Beatles war zwar ein Triumph, doch »die Kritiker verurteilten ›Sgt. Pepper‹ als das Album, das den einsamen Perfektionismus in die Rockaufnahmen brachte«, führt Pareles aus.[155] Auch andere Bands zogen sich in Studios zurück, um im Streben nach neuen experimentellen Stilrichtungen mit Knöpfen und Elektronik herumzuspielen. Durch dieses lange und langsame Ringen um Perfektion ging dem Genre viel von der Unmittelbarkeit und Energie des Rock verloren, während die Musiker sich in ihren eigenen Gedanken verloren. Die Resultate waren oftmals enttäuschend. »Auf jede originelle Verschmelzung … kam ein Dutzend miserabler Machwerke«, schreibt Pareles.

Meegan hat das richtig hervorgehoben: Die Gefahr des kreativen Perfektionismus schwebt über diesem dritten Prinzip der Slow Productivity. Qualität an oberste Stelle zu setzen, heißt, wie die Beatles 1967 zu werden, die ohne Einschränkung, wie lange man mit Sitars und Multitrack-Tonbändern herumexperimentieren darf, in die EMI-Studios gingen. Um 129 Tage später mit *Sgt. Pepper* wieder herauszukommen, muss eine Grenzlinie überschritten werden. Für eine solche Besessenheit muss man sich in seinem eigenen Kopf verlieren und davon überzeugt sein, dass man es noch ein bisschen besser machen kann, wenn man bloß mehr Zeit bekommt. Größe erfordert die Fähigkeit, sich anschließend wieder aus seiner selbstkritischen Träumerei zu reißen, ehe es zu spät ist. Der Grund, warum ich in diesem Beispiel so lange über die Beatles schreibe, ist folgender: Sie sind sowohl eine Warnung im Hinblick auf den Perfektionismus, der mit Qualitätsstreben einhergeht, als auch ein kanonisches Beispiel dafür, wie es aussieht, wenn man diesen Gegner überwindet.

Mag sein, dass die Band für die Aufnahme von *Sgt. Pepper* viel mehr Stunden benötigte, als ihr je zuvor eingeräumt worden waren, aber auch ihre Zeit war nicht unbegrenzt. Sobald ihre Sessions vorankamen, brachte die Plattenfirma der Beatles, EMI, zwei Singles heraus, was Druck erzeugte, das Projekt fertigzustellen. Die Band richtete ihre Bemühungen auch auf eine längerfristige Vision. Ihr Album *Rubber Soul* von 1965 hatte Brian Wilsons innovatives Album *Pet Sounds* inspiriert, das Paul McCartney später als überaus einflussreich für *Sgt. Pepper* bezeichnete. Wenn das eigene Ergebnis nur ein Schritt von vielen auf einem kollaborativen Weg zum kreativen Fortschritt ist, verringert das den Druck, alles hundertprozentig richtig zu machen. Das Ziel ist stattdessen, den metaphorischen Ball mit so viel Kraft über das Netz zu schlagen, dass das Spiel weitergehen kann. Darin finden wir die beste allgemeine Strategie für das Ausgleichen von Qualitätsversessenheit und Perfektionismus, die ich kenne: Geben Sie sich genügend Zeit, um etwas Großes zu schaffen, aber nicht unbegrenzt lange. Fokussieren Sie sich darauf, etwas zu schaffen, das gut genug ist, um die Aufmerksamkeit jener zu erwecken, deren Geschmack Ihnen wichtig ist, aber befreien Sie sich von der Notwendigkeit, ein Meisterwerk zu kreieren. Was zählt, ist Fortschritt. Nicht Perfektion.

Vorschlag: Auf sich selbst setzen

Jewel war nicht die einzige Musikerin der 1990er-Jahre abseits des Mainstreams, die zu Beginn ihrer Karriere Risiken einging. Die meisten Menschen hörten erstmals von Alanis Morissette, als ihr 1995 erschienenes Album *Jagged Little Pill* sich über 33 Millionen Mal verkaufte und fünf Grammys gewann, darunter auch den für das Album des Jahres. Das mag vielleicht Morissettes erste Platte auf dem US-Markt gewesen sein, doch es war keineswegs ihr Einstieg in die Unterhaltungsbranche. Schon als Kind hatte sie ihr Schauspieldebüt in der Kult-Sketch-Show *You Can't Do That on Television* bei Nickelodeon gehabt, und ihr Debüt als Sängerin gab sie mit einem Auftritt bei *Star Search* (wo sie in der ersten Runde ausschied).[156] 1989, im Alter von fünfzehn Jahren nahm sie mit der Hilfe einer kanadischen Rockband namens Stampeders ein Demoband auf. Das brachte ihr einen Vertrag mit der kanadischen Abteilung von MCA ein. Ihr erstes Album *Alanis* mit sauber produziertem Dance-Pop wurde nach seiner Veröffentlichung in Kanada 1991 mit Platin ausgezeichnet. Ihre selbstbewusste Bühnenpräsenz und ihre hochtoupierten Haare führten zu Vergleichen mit der Achtzigerjahre-Popsensation Debbie Gibson.[157]

Aber Morissette mochte die Vergleiche mit Gibson nicht, weil sie der Auffassung war, dass sie zu ernsthafteren Arbeiten fähig war. Obwohl sie wahrscheinlich mit einer Fortsetzung des auf *Alanis* vertretenen Popstils anhaltenden Erfolg erzielt hätte, wandte sie ihre Aufmerksamkeit für ihr nächstes Album *Now Is the Time* stattdessen weniger glatt produzierten Balladen mit persönlicheren Texten zu – sie hatte den Eindruck, dass dieser Stil ihre Karriere voranbringen würde.* Diese zweite Platte verkaufte sich nur halb so oft wie die erste, was dazu führte, dass ihre Plattenfirma sie fallen ließ. Doch Morissette drängte weiter voran. Mit Unterstützung ihres Musikverlags gelangten Exemplare ihrer ersten beiden Alben zu dem New Yorker Manager Scott Welch.[158] Er hörte etwas Besonderes aus Morissettes Stimme heraus, stimmte jedoch zu, dass der Popstil nicht zukunftsfähig sei. Welch arrangierte für Morissette eine Reise nach Los Angeles, um dort eine Platte mit Glen Ballard aufzunehmen, einem erfahrenen Songschreiber, der für seine Mitwirkung an Michael Jacksons »Man in the Mirror« und Wilson Phillips' »Hold On« bekannt war. Der Plan war, einen einzigen Song in Ballards Heimstudio einzuspielen. Stattdessen nahmen sie im Rahmen von zwanzig inspirierten Sessions zwanzig Songs auf. Später erinnerte sich Ballard an seine Zusammenarbeit mit Morissette so:

> Sie wollte einfach nur Künstlerin sein. Sie wollte nicht vom System gesagt bekommen, dass sie »nicht mehr gebraucht wurde«. Sie wollte sagen, was sie empfand … Sie wollte Songs schreiben und sich ausdrücken.[159]

Jene Sessions umfassten Demos von fast jedem Track, der schließlich auf *Jagged Little Pill* veröffentlicht werden sollte. Die Kombination aus Morissettes kraftvoller, verletzlicher Stimme und ihren bissigen Texten stellte sich als perfekt heraus für eine Zeit, in der die alternative Musik im Aufwind war. Das Album begann als bescheidene Veröffentlichung von Maverick Records,

* In der Dokumentation *Jagged* über Morissette aus dem Jahr 2021 wird erwähnt, ihr Streben nach Unabhängigkeit und der Ergründung komplexerer Themen in ihrer Musik sei zum Teil ausgelöst worden durch Missbrauchserfahrungen, die sie als junge Frau in der Musikindustrie gemacht habe.

einem kleinen, unabhängigen Label, zu dessen Miteigentümern Madonna gehörte, doch als der einflussreiche Radiosender KROQ aus Los Angeles anfing, »You Oughta Know« zu spielen, begannen die Drähte wegen der vielen Nachfragen zu glühen. Als ein paar Wochen später auch »Hand in My Pocket« auf Rotation gelegt wurde, folgten Sender im ganzen Land diesem Beispiel. Das Album ging durch die Decke und erzeugte das, was Ballard später als »Feuersbrunst« bezeichnete.

Es gibt offensichtliche Ähnlichkeiten zwischen Morissettes Entscheidung, sich vom Upbeat-Pop abzukehren, und Jewels Entschluss, einen Millionen-Dollar-Plattenvertrag abzulehnen – beide Künstlerinnen waren bereit, zur Erreichung eines höheren Ziels Risiken einzugehen. Die Einzelheiten dieser Entscheidungen weisen allerdings subtile, jedoch wichtige Unterschiede auf. Jewel lehnte das große Geld ab, weil sie wusste, dass sie mehr Zeit benötigte, um sich zu einer professionellen Musikerin zu entwickeln. Das stützt meine weiter oben aufgestellte These, dass Qualität der Langsamkeit bedarf. Morissette dagegen war bereits eine erfolgreiche Profimusikerin, als sie dem Pop den Rücken kehrte. Ihr Wandel war vielmehr eine hoch riskante Wette auf ihre Fähigkeit, sogar noch besser zu werden. Es war beängstigend, dass sie ihren Plattenvertrag verlor, doch diese Angst gab ihr die nötige Antriebskraft, ihre Fertigkeit so weit voranzutreiben, dass sie während der ausgiebigen Aufnahme-Sessions in Glen Ballards Heimstudio etwas Wunderbares schaffen konnte.

Dieser Vorschlag impliziert, dass in dieser Form auf sich selbst zu setzen – mit einem beträchtlichem Risiko des Scheiterns, aber reizvollen Aussichten auf Erfolg – eine gute allgemeine Strategie ist, um die Qualität der eigenen Arbeit auf ein neues Niveau zu heben. Natürlich ist nichts an diesem Vorgehen spezifisch für die Musikbranche. Ein berühmtes Beispiel für das Auf-sich-selbst-Setzen der jüngeren Geschichte stammt aus der Businesswelt: Bill Gates, der 1974 Harvard verließ, um Microsoft zu gründen. Heute sind wir mit der Vorstellung vertraut, dass altkluge Techniknerds die Uni verlassen, um Softwareunternehmen zu gründen, aber damals war das noch nicht so. Als Gates von Harvard abging, gab es noch keine Softwarebranche (er hat sie erst geschaffen), und die Personal Computer, die er als Zukunft betrachtete, gab es nur als Hobbygeräte, die von ihren Nutzern mithilfe von Schaltern und blinkenden Lämpchen bedient wurden. Das Risiko des Scheiterns für Gates war hoch, als er die Uni verließ, doch das half ihm dabei, etwas Spektakuläres voranzutreiben.

Auf sich selbst zu setzen, muss nicht so dramatisch sein wie der Verlust eines Plattenvertrags oder der Abgang von einer Eliteuniversität. Sich einfach nur in eine Situation zu bringen, die Erfolgsdruck auslöst, sei er auch moderat, kann ein wichtiger Beschleuniger für das Streben nach Qualität sein. Der folgende Ratschlag zeigt Ihnen verschiedene Ansätze für die Integration eines solchen maßvollen Drucks in Ihr Berufsleben. Wie Sie sehen werden, ist das Ziel, auf sich selbst zu setzen, sich auf eine neue Ebene zu bringen, ohne sich dabei versehentlich auch noch unnatürlich viel Arbeit aufzubürden.

SCHREIBEN, WENN DIE KINDER IM BETT SIND

Die Idee zu *Twilight* kam Stephenie Meyer durch einen Traum im Sommer 2003. Das Erleben desselben war so lebendig, dass sie beschloss, alles Notwendige zu unternehmen, um diesen Keim eines Konzepts in ein fertiges Buch zu verwandeln. Damals war sie allerdings Hausfrau und Mutter dreier kleiner Jungen, was bedeutete, dass sie kreativ sein musste, um Zeit zum Schreiben freizuschaufeln. Sie erklärte:

> Von diesem Moment an verging kein Tag, an dem ich nicht irgendetwas schrieb. An schlechten Tagen schaffte ich nur ein, zwei Seiten; an guten Tagen ein Kapitel und etwas mehr. Ich schrieb hauptsächlich nachts, wenn die Kinder schliefen, damit ich mich länger als fünf Minuten konzentrieren konnte, ohne unterbrochen zu werden.[160]

Dass eine berühmte Autorin erst nach der Schlafenszeit mit dem Schreiben beginnt, ist nicht auf Meyer beschränkt. Clive Cussler begann 1965,

Abenteuerromane zu schreiben. Seinerzeit war er Mitte dreißig und arbeitete in einer kleinen Werbeagentur in Newport Beach, Kalifornien, die er mitgegründet hatte, als seine Frau eine Stelle antrat, bei der sie Nachtschichten übernehmen musste. Cussler hatte also nichts zu tun, nachdem er seine drei Kinder ins Bett gebracht hatte.[161] Inspiriert vom jüngsten Erfolg der James-Bond-Romane von Ian Fleming beschloss er, es mit dem Schreiben von Abenteuergeschichten zu probieren, um seine einsamen Stunden zu füllen. Zig Millionen verkaufte Exemplare später lässt sich festhalten, dass Cussler, der 2020 starb, eindeutig auf das richtige Pferd gesetzt hatte.

Es sind natürlich nicht nur Eltern, die zu später Stunde an ihren Hobbyprojekten arbeiten müssen. Michael Crichton zum Beispiel wusste in seinem letzten Jahr an der Harvard Medical School, dass er nach seinem Abschluss nicht als Arzt arbeiten wollte. Wie in einem Porträt des Autors in der *New York Times* 1970 beschrieben, fragte der damals erst Siebenundzwanzigjährige den Dekan, ob er sein letztes Semester in Harvard damit zubringen könnte, Informationen für ein medizinisches Sachbuch zusammenzutragen, das zu schreiben er beabsichtige. »Warum sollte ich das letzte halbe Jahr an der medizinischen Hochschule damit verbringen, EKGs lesen zu lernen, wenn ich doch nie praktizieren will?«, fragte er. Der Dekan warnte Crichton, es sei nicht leicht, ein Buch zu schreiben. Das war der Moment, in dem Crichton enthüllte, dass er während seiner Zeit in Harvard bereits fünf Bücher unter Pseudonym geschrieben habe und dass mindestens zwei weitere in Arbeit seien. Er hatte immer seine Kofferschreibmaschine dabei, um in müßigen Augenblicken schreiben zu können, auch im Urlaub oder während Vorlesungen, die ihn nicht interessierten. »Jeder, der sich meine Mitschriften anschaute … konnte sehen, wann ich an einem Buch arbeitete«, räumte er ein.[162]

Auch John Grisham, der in den 1990er-Jahren mit Crichton um die Vorherrschaft in der Bestsellerliste kämpfte, opferte für das Schreiben anfangs seine freie Zeit. Seinen ersten Roman *Die Jury* schuf er als Kleinstadtanwalt in Mississippi.[163] Er arbeitete frühmorgens sowie zwischen Meetings und Gerichtsterminen an seinem Manuskript. Drei Jahre dieser Teilzeitbemühungen brauchte Grisham, um das Buch fertigzustellen. Ehe es überhaupt veröffentlicht war, fing er schon mit der Arbeit am zweiten an. Dabei war sein

Plan, zwei Bücher zu schreiben und so lange dranzubleiben, bis wenigstens eins davon Erfolg hatte. Das erwies sich als gute Strategie. *Die Jury* floppte nach der Veröffentlichung zunächst. Zum Glück für Grisham verkauften sich von seinem zweiten Buch, *Die Firma*, sieben Millionen Exemplare.

Diese Autoren führen eine der besser nachvollziehbaren Strategien vor, auf sich selbst zu setzen: vorübergehend einen maßgeblichen Teil der Freizeit in das fragliche Projekt zu investieren. Der Einsatz ist dabei bescheiden: Wenn Sie es nicht schaffen, das gewünschte Qualitätsniveau zu erreichen, ist die größte Konsequenz, dass Sie während einer begrenzten Phase Zeit verloren haben, die Sie auch in lohnenswertere (oder entspannendere) Aktivitäten hätten stecken können. Doch diese Kosten sind unangenehm genug, dass Sie Ihrem Streben erhöhte Aufmerksamkeit widmen. Für die junge Stephenie Meyer zum Beispiel war es bestimmt kein Vergnügen, so viel Schreibarbeit zwischen die Aktivitäten mit ihren Kindern oder in lange, müde Nächte zu pressen. Angesichts der Opfer, die ihr Ziel ihr abverlangte, war sie motiviert, keine Zeit mit halbherzigen Bemühungen zu vergeuden. Meyer war entschlossen, ihr Projekt zu Ende zu führen, daher schrieb sie täglich, und wenn es nur ein paar Seiten waren. (Im Gegensatz dazu habe ich bei nicht wenigen Akademikern oder Journalisten erlebt, dass sie ein luxuriöses Sabbatical nahmen, um nichts weiter zu tun, als zu schreiben, und sich dann bei all ihrer neu entdeckten Freiheit schwertaten, einen nennenswerten Fortschritt zu verzeichnen.)

Diese Strategie der freien Zeit ist natürlich langfristig keine nachhaltige Arbeitsmethode. Zu viele Stunden unserer Freizeit für zusätzliche Arbeit zu opfern, kann die *beiden* ersten Prinzipien der Slow Productivity verletzen. Doch bei gemäßigter Anwendung, wenn eine begrenzte Zeit einem bestimmten Projekt gewidmet ist, kann das Aufgeben von etwas Bedeutsamem zugunsten höherer Qualität eine effektive Wette auf sich selbst sein. Meyer zum Beispiel arbeitete sechs Monate lang mit intensiver Konzentration, doch am Ende dieses erschöpfenden Zeitraums hatte sie ein aufmerksamkeitsstarkes Manuskript in den Händen. Little, Brown and Company boten ihr wenig später einen Buchvertrag über 750.000 Dollar an.

DAS GEHALT VERRINGERN

Ihre freie Zeit einem Projekt zu widmen, ist eine der leichteren Methoden, auf sich selbst zu setzen. Eine drastischere Option ist es, sich auf Einkünfte durch das Projekt zu verlassen. Nur wenige Kräfte erzeugen einen stärkeren Fokus als die Notwendigkeit, Rechnungen zu bezahlen. Hier begeben wir uns allerdings auf potenziell gefährliches Gebiet. In der amerikanischen Kultur ist die romantische Vorstellung weitverbreitet, dass man einen eintönigen Job kündigt, um sich einem höheren Traum zu widmen. Denken Sie an die Autorenbeispiele aus der vorangegangenen Strategie: Clive Cussler verließ die Werbeagentur, die er mitgegründet hatte, während John Grisham eine vielversprechende politische Karriere und den Anwaltsberuf hinter sich ließ. Die Möglichkeit, die eigene berufliche Situation auf dramatische Weise zu beenden, hat einen enormen Reiz, denn es kommt einem vor, als könne man mit einer einzigen großen Geste allem den Rücken kehren, was man an der gegenwärtigen Plackerei nicht mag.

Das Problem ist natürlich, dass auf jeden Grisham ein Dutzend weiterer angehender Autoren kommt – oder Entrepreneure oder Künstler –, die am Ende doch wieder in ihre alten Jobs zurückkehren, nachdem sie zur Einsicht gelangt und höher verschuldet sind als zu Beginn. Mit anderen Worten, es ist schwer vorauszusagen, ob Ihre Idee für einen Thriller eher *Die Jury* ist oder *Die Firma.* Zum Glück können wir aus ebendiesen oben zitierten literarischen Beispielen auch Rückschlüsse ziehen, um uns durch solche Schwierigkeiten zu manövrieren. Wenn man sich die Karrierewechsel dieser Bestsellerautoren näher anschaut, ergibt sich ein nuancierteres Bild. In den Nachrufen auf Cussler nach seinem Tod im Jahr 2020 beispielsweise wurde deutlich: Sein Weg von der Werbung zu den Abenteuerromanen war länger, als seine oft erzählte Geschichte vermuten ließ, laut der er die Figur des Dirk Pitt zu später Stunde, während der Nachtschichten seiner Frau, mit Leben erfüllte.

Wie bereits erwähnt war Cussler, als er mit dem Schreiben von Romanen begann, Miteigentümer einer Werbeagentur in Newport Beach. Während seiner Zeit in Kalifornien schrieb er zwei Manuskripte, *Im Todesnebel* und *Der Todesflieger*, die beide keinerlei Interesse bei Verlagen erweckten. Dann zog Cussler nach Denver, um eine Stelle bei einer größeren Agentur anzutreten. An diesem Punkt entwickelte er einen Kniff, um Aufmerksamkeit für seine unbeachteten Romane zu erregen.[164] Er entwarf einen falschen Briefkopf für eine nicht existierende Agentur und sandte dann ein Schreiben an einen echten Agenten, Peter Lampack, mit der Frage, ob er an der Übernahme dieses vielversprechenden neuen Autors namens Clive interessiert sei, den zu vertreten er leider keine Zeit habe. Der Plan funktionierte, und 1973 kam *Der Todesflieger* schließlich auf den Markt. Doch auch jetzt verließ Cussler die Werbebranche nicht, um in Vollzeit zu schreiben. Er wartete damit bis 1975, nachdem er sein zweites Buch *Eisberg* verkauft hatte. Eine ähnliche Vorsicht lässt sich auch in den Geschichten unserer anderen Beispielfälle ausmachen. Als Crichton der Medizin den Rücken kehrte, hatte er bereits (viele) Bücher veröffentlicht, von denen einige Bestseller waren. Grisham gab seine Anwaltstätigkeit erst auf, als Paramount unerwarteterweise 600.000 Dollar für die Filmrechte an *Die Firma* bot.[165]

Genau in diesen Einzelheiten erkennen wir eine ausgewogene Strategie. Kündigen Sie nicht willkürlich Ihre Stelle, um ein sinnvolleres Projekt durchzuziehen. Warten Sie mit einer großen Veränderung lieber, bis Sie einen konkreten Nachweis haben, dass Ihr neues Interesse die folgenden beiden Bedingungen erfüllt: erstens, dass Menschen bereit sind, Ihnen Geld dafür zu zahlen, und zweitens, dass Sie das Ergebnis replizieren können. Im Kontext des Schreibens bedeutet das, Sie sollten mehrere Bücher verkauft und bewiesen haben, dass es für Ihre Figuren ein nennenswertes Publikum gibt. In Bezug auf Unternehmensgründung könnte es dagegen heißen, dass Ihre Nebentätigkeit einen stetigen Einnahmenfluss erzeugt. Doch wenn diese Schwellen überschritten sind, handeln Sie. Das bedeutet nicht unbedingt, Ihre derzeitige Arbeitsstelle komplett zu verlassen. Sie könnten stattdessen Ihre Stundenzahl verringern oder unbezahlten Urlaub nehmen. Entscheidend ist, die starke Motivation zu nutzen, die durch die Notwendigkeit entsteht, dass ein Vorhaben wirklich erfolgreich sein muss. Clive Cussler schrieb vier Manuskripte, ehe er seine leitende Stelle in der Werbebranche aufgab. Doch Cusslers fünftes Buch, *Hebt die Titanic!* von 1976, erzielte endlich den Durchbruch und entpuppte sich als sein erster Bestseller.

EINEN PLAN ANKÜNDIGEN

Einem Projekt Zeit zu widmen oder Geld zu opfern, sind zwei offensichtliche Einsätze, die Sie zu qualitativ höherwertiger Arbeit antreiben. Eine natürliche dritte Option ist die Nutzung Ihres sozialen Kapitals. Wenn Sie in Ihrem Bekanntenkreis Ihre Arbeit im Vorfeld ankündigen, haben Sie Erwartungen geschaffen. Gelingt es Ihnen nicht, etwas Maßgebliches hervorzubringen, bezahlen Sie dafür einen sozialen Preis in Form von Scham. Auch das kann wenig überraschend als wirkungsvolle Motivation dienen.

Die kleine Stadt gleich außerhalb von Washington, D. C., in der ich wohne, ist bekannt für ihre kulturelle Lebendigkeit. Infolgedessen sieht man häufig Plakate oder bekommt E-Mails mit dem Hinweis auf Kunstveranstaltungen aller Art. Während ich zum Beispiel an diesem Kapitel arbeite, haben zwei Kunsthandwerker – ein Schmuckdesigner und eine Malerin, die mit verschiedenen Materialien arbeitet – unlängst einen Kunstmarkt auf meiner Straße angekündigt, der an drei aufeinanderfolgenden Wochenenden in einem ehemaligen Gewerbegebäude stattfinden soll, das der Zwischennutzung unterliegt. Sie haben sich mit einer unabhängigen kleinen Druckerei zusammengeschlossen, die überall in der Gegend aufmerksamkeitsstarke Plakate aufgehängt hat. Diese Künstler haben nun den Antrieb, die bestmögliche Arbeit zu leisten, denn sie werden bald ein großes Publikum aus anderen Kunstschaffenden beeindrucken müssen.

Diese Strategie, einen Plan zu verkünden, um für Qualität zu sorgen, funktioniert auf verschiedenen Ebenen. Sie kann im Kleinen stattfinden, etwa wenn ein angehender Drehbuchautor sich mit einem filmerfahrenen Freund verabredet, damit dieser den ersten Entwurf eines Skripts durchliest. Oder im Großen, wenn eine Unternehmerin das Einführungsdatum eines neuen Produkts ankündigt. Nur wenig schätzen wir mehr als die Wertschätzung unserer Mitmenschen. Einen Plan für Ihre Arbeit anzukündigen, nutzt diese evolutionäre Besonderheit unserer Spezies, um den Fokus ganz auf das Schaffen der bestmöglichen Ergebnisse zu legen.

EINEN INVESTOR FINDEN

Im Jahr 1977 zeigte ein neunundzwanzigjähriger Regisseur namens John Carpenter seinen Low-Budget-Actionfilm *Anschlag bei Nacht* beim Londoner Filmfestival. Der Film war zu klein für eine umfangreiche Kinoveröffentlichung und hatte an den wenigen Aufführungsorten nur wenig Geld eingespielt, doch sein Regisseur strahlte Talent aus. »[Der Film] ist einer der stärksten und aufregendsten Thriller von einem neuen Regisseur seit Langem«, schrieb Ken Wlaschin, der Leiter des Londoner Filmfestivals. »Er fesselt das Publikum und lässt es einfach nicht mehr los.«[166] Dort in London wurde Carpenter mit einem Finanzier namens Moustapha Akkad bekannt gemacht, der in amerikanische Mainstream-Filme investieren wollte.[167] Akkad hatte noch ungefähr 300.000 Dollar übrig von einem anderen Projekt, *Löwe der Wüste*, und der junge Regisseur sowie sein Produzent Irwin Yablans drängten Akkad, dieses zusätzliche Geld in eine neue Idee zu investieren, die sie für einen Horrorfilm über einen Killer entwickelt hatten, der Babysitterinnen nachstellt. »Wir haben Moustapha mehr oder weniger dazu genötigt«, erinnerte sich Yablans später. »Ich sagte zu ihm: ›300.000 Dollar sind wahrscheinlich zu viel für Sie‹, weil ich wusste, dass sein Stolz einen Rückzieher nicht zulassen würde.«[168]

Akkad fand einen Pitch verlockend, in dem Carpenter ihm die Vision des Films Szene für Szene präsentierte. Der Vertrag wurde unterschrieben, als der Regisseur einwilligte, kein Geld zu nehmen, sondern seine Vergütung davon abhängig zu machen, dass der Film beim Publikum Erfolg hatte. Das erwies sich als gute Wette. Nach einer eng bemessenen einundzwanzigtägigen Drehzeit im Frühjahr 1978 wurde der Film fertiggestellt, und der ursprüngliche Arbeitstitel *Die Babysitter-Morde* wurde gegen *Halloween* ausgetauscht, was stärkere Assoziationen hervorrief. Daraufhin spielte der Film über 45 Millionen Dollar ein und war zu dieser Zeit der erfolgreichste unabhängige Film der Geschichte.[169] Zudem setzte er Maßstäbe für das Genre des Horrorfilms, die jahrzehntelang Gültigkeit behielten, und begründete Carpenters Karriere.

Anschlag bei Nacht ist ein cooler Film, aber *Halloween* ist großartig. Der Unterschied lag im Umfang des Investments, mit dem Carpenter unterstützt wurde. Eine einfache Erklärung dafür ist, dass mehr Geld eine bessere Produktionsqualität ermöglicht. Das stimmt zum Teil. Carpenter und sein damals noch unbekannter Kameramann Dean Cundey gaben fast die Hälfte von Akkads 300.000 Dollar für nagelneue leichte Panavision-Kameras aus – eine seinerzeit neue Technik, mit der in langen, gleitenden Steadicam-Einstellungen gedreht und zugleich das Kinoleinwandformat aufrechterhalten werden konnte. (Besonders profitierte Cundey vom Breitbildformat, mit dem sich mehrere Elemente in dieselbe visuelle Szene integrieren ließen, um einige mittlerweile kultige Schreckelemente einzubauen.) Doch die raffinierten Kameras allein erklären den Erfolg des Films nicht. Der Druck und der Antrieb, Akkad zufriedenzustellen, der einiges an Geld in das Projekt investiert hatte, beförderten Carpenters Können in neue Dimensionen. Sein Ziel bei *Anschlag bei Nacht* war, seine Talente vorzuführen. Sein Ziel bei *Halloween* war, einen Filmklassiker zu schaffen. Das ist ein wichtiger Unterschied.

Dieselbe Lektion lässt sich auch auf andere Vorhaben anwenden. Wenn jemand in Ihr Projekt investiert hat, empfinden Sie eine höhere Motivation, sich seines Vertrauens würdig zu erweisen. Das gilt für die Investition von finanziellem Kapital wie bei Carpenter und Akkad. Es gilt aber auch für Investitionen von Tatkraft, etwa wenn ein Freund Ihnen hilft, die Bühne für eine Theaterproduktion aufzubauen, oder den ganzen Nachmittag Briefumschläge mit Werbematerial für Ihr neues Unternehmen füllt. Andere Menschen dazu zu verlocken, in Sie und Ihre Idee zu investieren, ist eine spektakuläre Wette auf Sie selbst und Ihre Fähigkeit, andere nicht zu enttäuschen. Im Streben danach, eine solche Enttäuschung zu vermeiden, kann Großes entstehen.

FAZIT

Ich habe dieses Buch begonnen mit der Geschichte des jungen John McPhee, der hinter seinem Haus auf dem Gartentisch liegt und in eine Esche hinaufschaut im Bemühen, einen komplizierten Artikel, den er schreiben wollte, gedanklich zu sortieren. Im weiteren Verlauf seines Berufslebens entwickelte McPhee durch Versuch und Irrtum einen komplexeren und wiederholbaren Prozess, um seinen besonderen Stil des Langformjournalismus hervorzubringen. Wie er in *Draft No. 4* erklärt, fing er damit an, alle Beobachtungen aus seinen Notizbüchern abzutippen und alle seine auf Band aufgezeichneten Interviews zu transkribieren, und zwar auf frische, noch leere Seiten, mit einer manuellen Underwood-5-Schreibmaschine. »Das Abtippen von Notizen konnte viele Wochen dauern«, erläutert er, »aber es trug alles an einem lesbaren Ort zusammen, und das gesamte Rohmaterial strömte mit einer gewissen Konzentration durch meine Gedanken.«[170]

War dieser Schritt beendet, saß McPhee einem Stapel säuberlich beschriebener Blätter gegenüber, von denen viele mehrere unzusammenhängende Gedankenschnipsel oder Beobachtungen enthielten, die durch ein paar leere Zeilen voneinander getrennt waren. Um diese Sammlung zu strukturieren, versah er jeden Abschnitt mit einer kurzen Beschreibung am Rand und verwies auf die relevante *Story-Komponente*, die darin behandelt wurde. Ein gewöhnlicher Langformartikel konnte Notizen aus rund dreißig verschiedenen Komponenten enthalten.[171] *Encounters with the Archdruid*, McPhees umfassendes zweiteiliges Porträt des Umweltaktivisten David Brower, benötigte sogar sechsunddreißig.[172]

McPhee fotokopierte diese Seiten und benutzte dann eine Schere, um jeden eigenständigen Block von Notizen zu einem eigenen »Zettelchen« zurechtzuschneiden.[173] (Als McPhee sich in den 1980er-Jahren schließlich einen Computer kaufte und anfing, ein elektronisches System für die Organisation seiner Notizen zu verwenden, bezeichnete er das Gerät als »Fünftausend-Dollar-Schere«.) Jedes Stückchen wird in eine einfache Aktenmappe geheftet, die einer bestimmten Story-Komponente zugewiesen ist. Das Ergebnis ist ein Stapel Mappen, jede davon einem einzelnen Thema gewidmet und voller Papierstücke, die zusammengenommen jede wichtige Tatsache, jedes Zitat und jede Beobachtung enthalten.

Als Nächstes beschriftete McPhee eine Karteikarte für jede dieser Story-Komponenten und breitete sie auf einer Sperrholzplatte aus, die auf zwei Sägeböcken lag – »ein wesentlicher Teil meiner Büroeinrichtung in diesen Jahren« –, damit er sie physisch hin und her schieben konnte auf der Suche nach einer funktionierenden Struktur für seine Geschichte.[174] Manchmal erschloss sich ihm der richtige konzeptuelle Aufbau innerhalb nur weniger Stunden. Manchmal musste er die Platte tagelang dort liegen lassen und immer mal wieder zu ihr zurückkehren. In dieser Prozessphase gab es keine Hast: Er konnte nicht schreiben, bevor die Reihenfolge der Karten einen Sinn ergab.

Erst wenn McPhee endlich mit seiner Struktur zufrieden war, konnte er damit beginnen, Wörter zu Papier zu bringen. Beim Schreiben nahm er sich immer eine Story-Komponente nach der anderen vor und handelte sie in der Reihenfolge ab, in der sie auf der Sperrholzplatte angeordnet waren. Schrieb er über eine bestimmte Komponente, so entfernte er alle entsprechenden Notizstreifen aus dem dazugehörigen Ordner und legte sie leiterförmig auf einem Kartentisch neben seiner Underwood 5 aus. »Die Vorgehensweise eliminierte praktisch jede Ablenkung und fokussierte die Konzentration nur auf das Material, mit dem ich an einem bestimmten Tag oder in einer Woche umgehen musste«, erklärt McPhee. »Das engte mich ein, ja, aber dadurch gab es mir auch die Freiheit, zu schreiben.«[175]

Dass ich unsere Auslotung der Slow Productivity mit zwei verschiedenen Geschichten über John McPhee eröffnet und beendet habe, hat einen guten Grund. Bei unserer Auseinandersetzung mit der ersten Erzählung über McPhee unter der Esche, auf den ersten Seiten dieses Buches, war die Vorstellung einer langsameren Produktivität eher eine Intuition oder ein vages Vorhaben als etwas Konkretes und allgemein Durchführbares. McPhees müßige Konzentration unter diesem Baum mochte bei dem durchschnittlichen ausgebrannten Wissensarbeiter auf Resonanz stoßen, doch wie genau sich diese Resonanz in praktisches Handeln umsetzen ließe, blieb noch ungewiss. Wir ließen uns auf ein Gefühl ein, doch wir brauchten einen Plan.

Da wir nun bei dieser zweiten, ausführlicheren Geschichte über John McPhee angekommen sind, fünf lange Kapitel später, sind die Konturen eines solchen Plans hoffentlich deutlich geworden. Auf den zurückliegenden Seiten habe ich ausgeführt, wie der Wissenssektor an der Entwicklung plausibler Vorstellungen von Arbeitsorganisation gescheitert ist; anschließend habe ich Ihnen dann drei Prinzipien vorgestellt, um systematisch etwas Besseres zu kultivieren – eine Philosophie, die ich als Slow Productivity bezeichnet habe. Das sollte keine reaktionäre Antwort auf unsere derzeitige Überforderung sein, sondern ein Spielplan für einen brauchbaren Ersatz. Genau diese Umsetzbarkeit wollte ich mithilfe der zweiten Geschichte über McPhee deutlich machen. An seinem sorgfältigen und bewussten Prozess des Abtippens von Notizen und ihres Zerschneidens in Stücke, um dann Karteikarten auf einer Sperrholzplatte auszulegen und Materialien leiterförmig auf einem Kartentisch anzuordnen, erkennen wir, wie das Versprechen, das unter der Esche in McPhees Garten gegeben wurde, sich in etwas Systematischeres verwandelt hat. Verlangsamung hat nichts mit dem Protest gegen Arbeit zu tun. Vielmehr geht es darum, eine bessere Methode dafür zu finden.

Ich verfolge mit diesem Buch zwei Ziele. Das erste ist klar umrissen: möglichst vielen Menschen dabei helfen, sich aus dem entmenschlichenden Griff der Pseudoproduktivität zu befreien. Wie ich in der Einführung schrieb, ist dieses Ergebnis nicht für jeden erreichbar. Die von mir entwickelte Philosophie richtet sich in erster Linie an Menschen, die eine hoch qualifizierte Tätigkeit mit einem hohen Maß an Autonomie ausüben. Zu dieser Zielgruppe gehören große Teile des Wissenssektors, darunter die meisten Freiberufler, Einzel- und Kleinunternehmer, sowie Beschäftigte im Bereich der Wissenschaft und Forschung, denen große Freiheit bei der Auswahl und Organisation ihrer Tätigkeiten gewährt wird.

Falls Sie einer dieser Kategorien angehören und von der chronischen Überforderung und Geschwindigkeit der Pseudoproduktivität erschöpft sind, lege ich Ihnen dringend ans Herz, Ihr Berufsleben anhand der drei von mir vorgestellten Prinzipien grundlegend zu verändern. Weniger tun. Mit natürlicher Geschwindigkeit arbeiten. Qualität an oberste Stelle setzen. Je nach der Beschaffenheit Ihrer Tätigkeit wird das wahrscheinlich nicht bedeuten, dass Sie wochenlang in die Äste eines Baumes hinaufstarren oder mit einer Schreibmaschine Notizen abtippen, aber ziemlich sicher wird es Ihnen eine tragfähigere Beziehung zu Ihrer Arbeit ermöglichen.*

Meine zweite Zielsetzung bei diesem Buch hat eine allgemeinere Gültigkeit. Slow Productivity ist nur eine Reaktion von vielen auf ein deutlich größeres Problem: Der Welt der kognitiven Arbeit fehlen schlüssige Vorstellungen darüber, wie unsere Leistungen organisiert und gemessen werden sollen. Sichtbare Aktivität als Stellvertreter für nützliche Arbeit zu nutzen, war bestenfalls ein zeitweiser Behelf, Mitte des 20. Jahrhunderts entstanden, als Führungskräfte angesichts der plötzlichen Entstehung eines neuen

* Den Freiberuflern unter meinen Leserinnen und Lesern empfehle ich den folgenden Essay über McPhee, der die These aufstellt, die veränderte Ökonomie des Verlagswesens beziehungsweise Publizierens habe seinen langsameren Fokus auf umfangreiche Artikel schwer replizierbar gemacht: Malcolm Harris, »Who Can Afford to Write Like John McPhee?«, *New Republic*, 13. September 2017, newrepublic.com/article/144795/can-afford-write-like-john-mcphee. Die Wahrheit ist allerdings etwas komplizierter. Es ist zwar richtig, dass Zeitschriften einem kein gutes Gehalt dafür zahlen, alle zwei Jahre einen Artikel von 40.000 Wörtern zu schreiben. Doch wichtig ist auch zu beachten: McPhee machte in *Draft No. 4* deutlich, dass »Redaktionsmitglied« des *New Yorker* in den 1960er-Jahren ein bedeutungsloser Titel gewesen sei (im Grunde hieß es lediglich, dass man ein Freelancer war, mit dem sie gern zusammenarbeiteten) und dass er allein mit dem Schreiben von Artikeln keine Unmengen Geld verdient hätte. Sich ein Auskommen zu sichern, erforderte auch den Erfolg seiner Bücher und seine Dozententätigkeit in Princeton. Das Entscheidendere an McPhees Geschichte sind jedoch nicht die Details dessen, wie er Zeitschriftenartikel schreibt, sondern die Vorstellung, dass Produktivität im großen Maßstab keine hektische Betriebsamkeit im Kleinen erfordert.

Wirtschaftssektors um Orientierung rangen. Wie ich in Teil 1 ausführte, ist diese Erste Hilfe der Führungsetage längst überholt. Die Pseudoproduktivität schraubte sich ins Unerträgliche empor, als die Informationstechnologie Einzug in die Büros hielt, was endloses Arbeiten ermöglichte und dessen Geschwindigkeit jeder natürlichen Beschränkung beraubte. Die pandemiebedingten zusätzlichen Umwälzungen sorgten für die finale Beschleunigung dieser Rotation, die schließlich das gesamte System aus den Fugen geraten ließ. Es hat Gründe, warum inzwischen so viele kritische Stimmen von einem Nihilismus der Erschöpfung sprechen, in dem Überforderung und Elend ein unausweichliches Schicksal sind. Unsere Arbeitsweise funktioniert einfach nicht mehr.

Benötigt wird ein bewussteres Nachdenken darüber, was wir mit »Produktivität« im Wissenssektor eigentlich meinen – die Suche nach Ideen, die von der Voraussetzung ausgehen, dass diese Leistungen nachhaltig und gewinnbringend für die Menschen sein müssen, die diese Arbeit leisten. Slow Productivity ist ein Beispiel für diese Denkweise, doch sie sollte nicht das einzige sein. Mein langfristiger Wunsch ist, dass diese Bewegung viele andere ins Rollen bringt und eine Plattform verschiedener Produktivitätskonzepte schafft, die jeweils auf unterschiedliche Arten von Beschäftigten oder Empfindungen anwendbar sind. Slow Productivity zum Beispiel soll umsetzbar sein und liefert Ideen, die von Individuen unmittelbar zur Anwendung gebracht werden können. Doch es wäre gut, diesen Ansatz mit anderen Vorgehensweisen zu ergänzen, die stärker auf eine veränderte Führung von Organisationen ausgerichtet sind oder gar auf die Gesetzgebung, die dem Funktionieren unserer Marktwirtschaft Grenzen auferlegt. Eine Revolution erfordert die Rebellion in vielen unterschiedlichen Maßstäben, vom Praktischen und Unmittelbaren bis zum Hitzköpfigen und Ideologischen.

Ungeachtet der Details, wie genau wir vorankommen, kann die Wichtigkeit dieser allgemeinen Bemühungen gar nicht genug hervorgehoben werden. Zu Recht bezeichnete Peter Drucker im Titel seiner einflussreichen Veröffentlichung von 1999 die Produktivität der Wissensarbeiter als »größte Herausforderung«. Hier das Richtige zu tun, könnte das Leben von Millionen Menschen maßgeblich verbessern.

Gegen Ende eines umfangreichen Interviews in *The Paris Review* von 2010 wunderte sich John McPhee darüber, dass irgendjemand ihn als ungewöhnlich fleißig betrachten könne:

> Und wenn jemand zu mir sagt: »Sie sind ein produktiver Autor« – das kommt mir so seltsam vor. Das ist wie der Unterschied zwischen geologischer und menschlicher Zeit. In einem bestimmten Maßstab sieht es so aus, als täte ich eine Menge. Aber so ist mein Tag, den ganzen Tag sitze ich da und frage mich, wann ich wohl endlich in die Gänge komme. Und wenn man das sechs Tage die Woche macht, fällt jeden Tag ein kleiner Tropfen in den Eimer, und das ist das Entscheidende. Denn wenn man jeden Tag einen Tropfen in einen Eimer gibt, dann ist nach dreihundertfünfundsechzig Tagen ein bisschen Wasser darin.[176]

Slow Productivity ist vor allem ein Aufruf, der aberwitzigen Aktivität täglicher Plackerei den Rücken zu kehren. Es ist nicht so, als wären all diese Mühen willkürlich: Zu unseren stresserfüllten Tagen gehören auch Aufgaben und Verpflichtungen, die wirklich erfüllt werden müssen. Aber wenn Sie erst einmal so wie McPhee erkennen, dass dieses erschöpfte Strampeln oft in eine ganz andere Richtung geht als die tatsächlich sinnvollen Aktivitäten, dann verändert sich Ihre Perspektive. Ein langsamerer Arbeitsansatz ist nicht nur machbar, sondern höchstwahrscheinlich ist er der Ad-hoc-Pseudoproduktivität auch überlegen, die heutzutage das Berufsleben so vieler Menschen bestimmt. Wenn Sie 365 Tage lang bescheidene Tropfen sinnvoller Tätigkeiten sammeln, so erinnert uns McPhee, dann beschließen Sie das Jahr mit einem vollen Eimer. Und darauf kommt es letztlich an: wo Sie am Ende stehen, nicht wie schnell sie dorthin gelangen oder wie viele Menschen Sie dabei mit Ihrer hektischen Betriebsamkeit beeindrucken.

Mit Schnelligkeit haben wir es jetzt während der letzten mindestens siebzig Jahre versucht. Es funktioniert nicht. Die Zeit ist reif, etwas Langsameres auszuprobieren.

DANKSAGUNG

Ich kann den genauen Zeitpunkt nicht mehr festmachen, an dem der Begriff *Slow Productivity* in meinen Sprachschatz gelangte. Irgendwie scheint die Philosophie sich im ersten Jahr der Coronapandemie spontan entwickelt zu haben, ein Zeitraum, in dem ich einen intensiven und immens fruchtbaren Dialog über Arbeit, Produktivität und Sinnhaftigkeit mit meiner Leserschaft in Gang setzte. Ihr danke ich an erster Stelle für ihre unverzichtbare Rolle und auch dafür, dass sie mich und meine Überlegungen vorangetrieben hat.

Nachdem diese Ideen Gestalt angenommen hatten, war es meine Literaturagentin Laurie Abkemeier, die mir half, sie zu einem zusammenhängenden Buchprojekt zu ordnen. Im Verlaufe dieses Prozesses erreichten Laurie und ich den Meilenstein einer über zwanzigjährigen Zusammenarbeit. Es ist eine berufliche Beziehung und eine Freundschaft, die zurückreicht bis zu einer zwanzigjährigen Version meiner selbst, damals ein Student in Dartmouth, der nach einer professionellen Vertretung suchte, um ein Buch über erfolgreiches Studieren zu veröffentlichen. Ich kann gar nicht genug hervorheben, wie stark Laurie und ihre Mentorinnenschaft alle Aspekte meiner Autorenkarriere geprägt haben. Dafür bin ich über die Maßen dankbar.

Ich muss natürlich auch dem Team bei Portfolio Books unter der Leitung von Adrian Zackheim dafür danken, dass sie weiterhin an mich und meine Ideen glauben. Dies ist das dritte Buch, das ich für Portfolio geschrieben habe, und das dritte Buch, das von Niki Papadopoulos akquiriert und lektoriert wurde, mit der im Verlaufe dieser letzten sechs Jahre zusammenzuarbeiten der Traum eines jeden Autors war. Ich habe mich auch gefreut, dass Lydia Yadi, die Lektorin der britischen Ausgaben meiner vorherigen Bücher, sich zum Lektoratsteam für *Slow Productivity* gesellte. Ich bin dankbar für all ihre präzisen Kommentare und Vorschläge, die das Manuskript geprägt haben.

Große Wertschätzung gebührt auch dem talentierten Marketingteam von Portfolio, das so erfolgreich mit mir an meinen vergangenen Projekten gearbeitet hat und mit dem ich auch bei diesem neuen Vorhaben wieder sehr gern zusammenarbeite. Dazu gehören auch Margot Stamas, die bis heute an all meinen Portfolio-Titeln mitgewirkt hat, und Mary Kate Rogers, die mich ebenfalls bei vielen Projekten begleitet hat. Sie machen den Prozess, der Welt von meiner Arbeit zu erzählen, reibungslos und angenehm.

Ich möchte auch Josh Rothman und Mike Agger danken, meinen Herausgebern bei *The New Yorker*, wo viele der in diesem Buch enthaltenen Ideen ursprünglich entstanden sind. Ihre fortwährende Unterstützung meiner Beiträge und meiner Vorstellungen war ein wichtiger Motor für mein Wachstum als Autor und Denker. Das Vertrauen, das sie in mich gesetzt haben, und ihre Mentorenschaft sind mir weiterhin eine Ehre und haben mich tief beeindruckt.

Und schließlich muss ich meiner unermüdlichen Ehefrau Julie dafür danken, dass sie all die Opfer auf sich genommen hat, die ein Partner mit der nervtötenden Sucht, Bücher zu schreiben, mit sich bringt. Sie kennt mich seit dem ersten der acht Bücher, die ich bisher veröffentlicht habe, daher kennt sie auch nur zu gut die Anforderungen dieses Vorgangs. Für ihr Verständnis und ihre Geduld bin ich ihr wie immer überaus dankbar.

ÜBER DEN AUTOR

Cal Newport ist Bestsellerautor und Informatiker. Er betreibt in den USA die beliebte Website »Study Hacks«. Seine erfolgreichen Karriere- und Zeitmanagementbücher zum Thema »Deep Work« wenden sich oft mit unkonventionellen Ratschlägen an die Leser. Von ihm sind im Redline Verlag bereits der Bestseller *Konzentriert arbeiten*, *Digitaler Minimalismus*, *Eine Welt ohne E-Mail* und *Wie man immer Bestnoten bekommt* erschienen.

ANMERKUNGEN

Einleitung

1 John McPhee, *Draft No. 4: On the Writing Process* (New York: Farrar, Straus and Giroux, 2018), 17.

2 Bei meiner Zählung von fünf zuvor veröffentlichten Artikeln lasse ich die kurzen Beiträge für *Talk of the Town* sowie eine frühe Kurzgeschichte aus, die er in der Zeitschrift veröffentlichte. McPhees *New-Yorker*-Archiv ist abrufbar unter newyorker.com/contributors/john-mcphee. Die genaue Datierung von McPhees Zeit bei *Time* stammt von Jeffrey Somers, »Jon McPhee: His Life and Work«, ThoughtCo., 20. Juli 2019, thoughtco.com/john-mcphee-biography-4153952.

3 John McPhee, »A Sense of Where You Are«, *New Yorker*, 23. Januar 1965, newyorker.com/magazine/1965/01/23/a-sense-of-where-you-are.

4 John McPhee, »A Reporter at Large: Oranges–I«, *New Yorker*, 7. Mai 1966, newyorker.com/magazine/1966/05/07/oranges-2; und John McPhee, »A Reporter at Large: Oranges–II«, *New Yorker*, 14. Mai 1966, newyorker.com/magazine/1966/05/14/oranges-3.

5 McPhee, *Draft No. 4*, 17.

6 McPhee, *Draft No. 4*, 19.

7 McPhee, *Draft No. 4*, 19.

8 Celeste Headlee, *Do Nothing: How to Break Away from Overdoing, Overworking, and Underliving* (New York: Harmony Books, 2020), ix.

Kapitel 1: Aufstieg und Fall der Pseudoproduktivität

9 Bill Carter, *Desperate Networks* (New York: Broadway Books, 2006), 42.

10 Peter F. Drucker, »Knowledge-Worker Productivity: The Biggest Challenge«, *California Management Review* 41, Nr. 2 (Winter 1999): 83.

11 Zitate von Tom Davenport stammen aus einem im Dezember 2019 geführten Telefoninterview. Ursprünglich wurde das Interview für folgenden Originalartikel im *New Yorker* geführt: Cal Newport, »The Rise and Fall of Getting Things Done«, *New Yorker*, 17. November 2020, newyorker.com/tech/annals-of-technology/the-rise-and-fall-of-getting-things-done.

12 *Encyclopaedia Britannica Online*, »Norfolk Four-Course System«, aufgerufen am 18. August 2023, britannica.com/topic/Norfolk-four-course-system.

13 »Moving Assembly Line Debuts at Ford Factory«, History, 6. Oktober 2020, history.com/this-day-in-history/moving-assembly-line-at-ford.

14 G. N. Georgano, *Cars: Early and Vintage*, 1886–1930 (London: Grange-Universal, 1985).

15 Näheres zu Taylor und Schaufeln siehe »Frederick Winslow Taylor, the Patron Saint of the Shovel«, Mental Floss, 27. April 2015, mentalfloss.com/article/63341/frederick-winslow-taylor-patron-saint-shovel.

16 Peter F. Drucker, *The Effective Executive: The Definitive Guide to Getting Things Done* (New York: HarperCollins, 2006), 4.

17 Jory MacKay, »Communication Overload: Our Research Shows Most Workers Can't Go 6 Minutes without Checking Email or IM«, *RescueTime* (Blog), 11. Juli 2018, blog.rescuetime.com/communication-multitasking-switches.

18 Die eigentliche Studie (das Kapitel »Methodik« stützt die Behauptung, dass die Studienteilnehmer hauptsächlich aus dem Bereich Wissensarbeit kommen): McKinsey & Company and Lean In, *Women in the Workplace*: 2021, 2022, wiw-report.s3.amazonaws.com/Women_in_the_Workplace_2021.pdf. Eine gute Zusammenfassung der Ergebnisse bietet Eliana Dockterman, »42% of Women Say They Have Consistently Felt Burned Out at Work in 2021«, *Time*, 27. September 2021, time.com/6101751/burnout-women-in-the-workplace-2021.

19 Jennifer Liu, »U.S. Workers Are among the Most Stressed in the World, New Gallup Report Finds«, Make It, CNBC, 15. Juni 2021, cnbc.com/2021/06/15/gallup-us-workers-are-among-the-most-stressed-in-the-world.html.

20 Carter, *Desperate Networks*, 119.

21 Carter, *Desperate Networks*, 120.

22 Carter, *Desperate Networks*, 121.

23 Carter, *Desperate Networks*, 125.

24 Ein repräsentativer Artikel aus dieser Zeit über die Schlüsselrolle, die *CSI* für die Rückkehr von CBS auf den Spitzenplatz spielte, ist: »2000–01 Ratings History«, The TV Ratings Guide, 15. August 1991, thetvratingsguide.com/1991/08/2000-01-ratings-history.html.

Kapitel 2: Eine langsamere Alternative

25 Einzelheiten über die Reaktionen der Italiener auf das vorgeschlagene McDonald's-Restaurant sind dieser zeitgenössischen UPI-Story entnommen: John Phillips, »McDonald's Brings Americanization Fears to Rome«, UPI, 10. Mai 1986, upi.com/Archives/1986/05/10/McDonalds-brings-Americanization-fears-to-Rome/6908516081600.

26 »Slow Food Manifesto«, 1989, Slow Food, slowfood.com/filemanager/Convivium% 20Leader% 20Area/Manifesto_ENG.pdf. Versionen des »Slow Food Manifesto« in anderen Sprachen gibt es hier: »Key Documents«, Slow Food, slowfood.com/about-us/key-documents.

27 Die Vesuv-Aprikose wird erläutert in Michael Pollan, »Cruising on the Ark of Taste«, *Mother Jones*, 1. Mai 2003, archiviert bei michaelpollan.com/articles-archive/cruising-on-the-ark-of-taste.

28 Näheres zum Salone del Gusto und den zitierten Zahlen bei Mark Notaras, »Slow Food Movement Growing Fast«, *Our World*, 31. Oktober 2014, ourworld.unu.edu/en/slow-food-movement-growing-fast.

29 Pollan, »Cruising on the Ark«.

30 Pollan, »Cruising on the Ark«.

31 Als gute Einführung in das Thema Slow Media empfehle ich Jennifer Rauchs 2018 zu diesem Thema erschienenes Buch: Jennifer Rauch, *Slow Media: Why »Slow" Is Satisfying, Sustainable, and Smart* (Oxford: Oxford University Press, 2018), global.oup.com/academic/product/slow-media-9780190641795.

32 Carl Honoré, *In Praise of Slowness: Challenging the Cult of Speed* (New York: HarperOne, 2005), 86.

33 AppleTogether, »Thoughts on Office-Bound Work«, appletogether.org/hotnews/thoughts-on-office-bound-work.html.

34 Jane Thier, »Tim Cook Called Remote Work ›the Mother of All Experiments.‹ Now Apple Is Cracking Down on Employees Who Don't Come in 3 Days a Week, Report Says«, *Fortune*, 24. März 2023, fortune.com/2023/03/24/remote-work-3-days-apple-discipline-terminates-tracks-tim-cook.

35 Cal Newport, »What Hunter-Gatherers Can Teach Us about the Frustrations of Modern Work«, *New Yorker*, 2. November 2022, newyorker.com/culture/office-space/lessons-from-the-deep-history-of-work.

36 Alex Christian, »Four-Day Workweek Trial: The Firms Where It Didn't Work«, BBC, 20. März 2023, bbc.com/worklife/article/20230319-four-day-workweek-trial-the-firms-where-it-didnt-work.

37 Gili Malinsky, »10 Companies Adopting a 4-Day Workweek That Are Hiring Right Now«, Make It, CNBC, 19. März 2023, cnbc.com/2023/03/19/companies-with-a-four-day-work-week-that-are-hiring-right-now.html; und Ben Tobin, »Lowe's Started Offering a 4Day Work Week after Complaints of a ›Chaotic‹ Scheduling System. Employees Say They Love It«, *Business Insider*, 28. März 2023, businessinsider.com/lowes-workers-say-love-4-day-work-week-with-exceptions-2023-3.

38 Cal Newport, »Newton's Productive School Break«, *Cal Newport* (Blog), 23. März 2023, calnewport.com/blog/2020/03/23/newtons-productive-school-break; und Cal Newport, »The Stone Carver in an Age of Computer Screens«, *Cal Newport* (Blog), 27. Oktober 2020, calnewport.com/blog/2020/10/27/the-stone-carver-in-an-age-of-computer-screens.

39 Cal Newport, »What If Remote Work Didn't Mean Working from Home?«, *New Yorker*, 21. Mai 2021, newyorker.com/culture/cultural-comment/remote-work-not-from-home.

Kapitel 3: Weniger tun

40 Claire Tomalin, *Jane Austen: A Life* (New York: Vintage Books, 1999), 220.

41 Zwei weitere Romane Jane Austens, *Anne Elliot* und *Die Abtei von Northanger*, erschienen erst nach ihrem Tod.

42 James Edward Austen Leigh, *A Memoir of Jane Austen* (London: Richard Bentley and Son, 1871; Project Gutenberg, 2006), Kap. 6, 102, gutenberg.org/files/17797/17797h/17797-h.htm.

43 Mason Currey, *Daily Rituals: How Artists Work* (New York: Knopf, 2013), 25–26.

44 Tomalin, *Jane Austen*, 87.

45 Tomalin, *Jane Austen*, 122.

46 Tomalin, *Jane Austen*, 170.

47 Tomalin, *Jane Austen*, 214.

48 Tomalin, *Jane Austen*, 213.

49 Lananh Nguyen und Harry Wilson, »HSBC Manager Heart Attack Prompts Viral Post about Overwork«, *Bloomberg*, 21. April 2021, bloomberg.com/news/articles/2021-04-21/hsbc-manager-s-heart-attack-prompts-viral-post-about-overwork#xj4y7vzkg. Wer nicht bei LinkedIn angemeldet ist und den ursprünglichen Beitrag daher nicht abrufen kann, findet seine sechs Vorsätze auch hier: Alema Ljuca, »Heart Attack Survivor Shares New Life Resolutions and It Goes Viral«, Medium, 16. Juni 2021, medium.com/better-advice/heart-attack-survivor-shares-new-life-resolutions-from-his-hospital-bed-5c7fd1aab2d8.

50 *Work Trend Index Annual Report: The Next Great Disruption Is Hybrid Work - Are We Ready?*, Microsoft, 22. März 2021, microsoft.com/en-us/worklab/work-trend-index/hybrid-work.

51 Cal Newport, »Why Remote Work Is So Hard—and How It Can Be Fixed«, *New Yorker*, 26. Mai 2020, newyorker.com/culture/annals-of-inquiry/can-remote-work-be-fixed.

52 Simon Singh, *Fermat's Enigma: The Epic Quest to Solve the World's Greatest Mathematical Problem* (New York: Anchor Books, 1997), 6.

53 Singh, *Fermat's Enigma*, 205.

54 Singh, *Fermat's Enigma*, 207.

55 Singh, *Fermat's Enigma*, 210.

56 Jenny Blake, *Free Time* (Washington, DC: Ideapress, 2022), 7.

57 Dies ist ein Artikel von 2014, den ich über den Clip geschrieben habe, einschließlich der Identifikation des hier zitierten Auszugs (der YouTube-Clip des Videos von 1981 wurde aus rechtlichen Gründen gelöscht): Cal Newport, »Richard Feynman Didn't Win a Nobel by Responding Promptly to Emails«, *Cal Newport* (Blog), 20. April 2014, calnewport.com/blog/2014/04/20/richard-feynman-didnt-win-a-nobel-by-responding-promptly-to-e-mails. Die zweite Hälfte dieses Zitats findet sich auch in Feynmans Nachruf in der *Los Angeles Times*: Lee Dye, »Nobel Physicist R. P. Feynman of Caltech Dies«, *Los Angeles Times*, 16. Februar 1988, latimes.com/archives/la-xpm-1988-02-16-mn-42968-story.html.

58 Lawrence Grobel, »The Remarkable Dr. Feynman: Caltech's Eccentric Richard P. Feynman Is a Nobel Laureate, a Member of the Shuttle Commission, and Arguably the World's Best Theoretical Physicist«, *Los Angeles Times*, 20. April 1986, latimes.com/archives/la-xpm-1986-04-20-tm-1265-story.html. Für eine gute, präzise Beschreibung Feynmans und der Kommission, darunter auch des Details, dass sein ehemaliger Student ihn zur Teilnahme drängte, empfehle ich diesen Artikel: Kevin Cook, »How Legendary Physicist Richard Feynman Helped Crack the Case on the Challenger Disaster«, *Literary Hub*, 9. Juni 2021, lithub.com/how-legendary-physicist-richard-feynman-helped-crack-the-case-on-the-challenger-disaster.

59 Benjamin Franklin, *Autobiography of Benjamin Franklin*, Hrsg. John Bigelow (Philadelphia: J. B. Lippincott, 1868; Project Gutenberg, 2006), Kap. 6, https://www.gutenberg.org/ebooks/20203.

60 Franklin, *Autobiography*, Kap. 9.

61 H. W. Brands, *The First American: The Life and Times of Benjamin Franklin* (New York: Anchor Books, 2002), 164.

62 Brands, *The First American*, 166.

63 Brands, *The First American*, 189–90 (Hervorhebung von mir).

64 Brands, *The First American*, 200–205.

65 Ian Rankin, »Ian Rankin: ›Solitude, Coffee, Music: 27 Days Later I Have a First Draft‹«, *The Guardian*, 7. Mai 2016, theguardian.com/books/2016/may/07/my-writing-day-ian-rankin.

66 Die Informationen über Wharton sind hauptsächlich einem Essay von Mason Currey entnommen, abgedruckt in seinem Buch *Daily Rituals: Women at Work*. Mason Currey, »Famous Women Authors Share Their Daily Writing Routines«, Electric Lit, 15. März 2019, electricliterature.com/famous-women-authors-share-their-daily-writing-routines.

67 Mehr zum Thema Zeitblocken finden Sie im Erklärvideo hier: timeblockplanner.com.

68 Cal Newport, »The Rise and Fall of Getting Things Done«, *New Yorker*, 17. November 2020, newyorker.com/tech/annals-of-technology/the-rise-and-fall-of-getting-things-done.

69 Cal Newport, »It's Time to Embrace Slow Productivity «, *New Yorker*, 3. Januar 2022, newyorker.com/culture/office-space/its time-to-embrace-slow-productivity.

70 Blake, *Free Time*, 4.

71 Brigid Schulte, *Overwhelmed: How to Work, Love, and Play When No One Has the Time* (New York: Picador, 2014), 5.

72 Schulte, *Overwhelmed*, 13.

73 Sheila Dodge, Don Kieffer und Nelson P. Repenning, »Breaking Logjams in Knowledge Work«, *MIT Sloan Management Review*, 6. September 2018, https://sloanreview.mit.edu/article/breaking-logjams-in-knowledge-work.

Kapitel 4: Arbeiten mit natürlicher Geschwindigkeit

74 John Gribbin, *The Scientists: A History of Science Told through the Lives of Its Greatest Inventors* (New York: Random House Trade Paperbacks, 2004), 8–9.

75 Gribbin, *The Scientists*, 45–46.

76 Gribbin, *The Scientists*, 75.

77 Eve Curie, *Madame Curie: A Biography*, Übers. Vincent Sheean (New York: Da Capo Press, 2001), 160–62.

78 Cal Newport, »On Pace and Productivity«, *Cal Newport* (Blog), 21. Juli 2021, calnewport.com/blog/2021/07/21/on-pace-and-productivity.

79 Gribbin, *The Scientists*, 81.

80 Richard B. Lee, »What Hunters Do for a Living, or, How to Make Out on Scarce Resources«, in *Man the Hunter*, Hrsg. Richard B. Lee und Irven DeVore (Chicago: Aldine Publishing, 1968), 30.

81 Ein genaues Datum, wann der »moderne« *Homo sapiens* auftauchte, lässt sich unmöglich bestimmen. Die Zahl 300.000 wird aus zwei Gründen häufig angegeben. Die ältesten bekannten Überreste des *Homo sapiens*, die im marokkanischen Jebel Ighoud gefunden wurden, stammen ungefähr aus dieser Zeit (wobei diese Überreste auch einige bemerkenswert archaische Merkmale aufweisen). Zahlreiche weitere Grabungen enthüllten zudem eine weitverbreitete Umwandlung der afrikanischen Materialkultur in Richtung verfeinerter Werkzeuge in diesem Zeitraum, wie es beim Auftreten einer Spezies mit deutlich verbesserten kognitiven Fähigkeiten zu erwarten ist. Eine hervorragende Zusammenfassung dieser Fakten findet sich bei Brian Handwerk, »An Evolutionary Timeline of Homo Sapiens«, *Smithsonian*, 2. Februar 2021, smithsonianmag.com/science-nature/essential-timeline-understanding-evolution-homo-sapiens-180976807.

82 Lee, »What Hunters Do for a Living«, 43.

83 Eine ausführlichere Besprechung der Kritik an und der Interpretationen von Richard Lees bahnbrechender Untersuchung bietet mein im November 2022 im *New Yorker* veröffentlichter Artikel, auf dem ein Großteil dieses Kapitels beruht (einschließlich aller Details und Zitate im Zusammenhang mit Richard Lee und Mark Dyble): Cal Newport, »What Hunter-Gatherers Can Teach Us about the Frustrations of Modern Work«, *New Yorker*, 2. November 2022, newyorker.com/culture/office-space/lessons-from-the-deep-history-of-work.

84 Mark Dyble, Jack Thorley, Abigail E. Page, Daniel Smith und Andrea Bamberg Migliano, »Engagement in Agricultural Work Is Associated with Reduced Leisure Time among Agta Hunter- Gatherers«, *Nature Human Behaviour* 3, Nr. 8 (August 2019): 792–96, nature.com/articles/s41562-019-06146.

85 Rebecca Mead, »All about the Hamiltons«, *New Yorker*, 2. Februar 2015, newyorker.com/magazine/2015/02/09/hamiltons.

86 Lin-Manuel Miranda, Interview mit Marc Maron, »Lin-Manuel Miranda«, 14. November 2016, in *WTF with Marc Maron*, Podcast, 1:37:33, wtfpod.com/podcast/episode-759-lin-manuel-miranda.

87 Mead, »All about the Hamiltons«.

88 Einzelheiten über die Entwicklung von *In the Heights* sind diesen beiden hilfreichen Artikeln entnommen: Susan Dunne, »›In the Heights‹, Drafted When Lin-Manuel Miranda Was a Student at Wesleyan University, Opens in Movie Theaters«, *Hartford Courant*, 10. Juni 2021, courant.com/news/connecticut/hc-news-connecticut-wesleyan-in-the-heights-20210610-elvljdtnd5bunegtkuzv3aql2y-story.html; und »How the Eugene O'Neill Theater Center Gave Birth to *In the Heights*«, *Playbill*, 24. November 2016, playbill.com/article/how-the-eugene-oneill-theater-center-gave-birth-to-in-the-heights.

89 Norma J. Roberts, Hrsg., *The American Collections: Columbus Museum of Art* (Columbus, OH: Columbus Museum of Art, 1988), 76, archive.org/details/americancollecti0000colu/page/76/mode/2up.

90 Alfred Stieglitz und Sherwood Anderson, 7. August 1924, Alfred Stieglitz/Georgia O'Keeffe Archive, Yale Collection of American Literature, Beinecke Rare Book and Manuscript Library, Yale University, Karton 2, Ordner 29, zitiert in »Lake George«, Alfred Stieglitz Collection, Art Institute of Chicago, archive.artic.edu/stieglitz/lake-george.

91 Informationen über O'Keeffes Zeit am Lake George einschließlich der Behauptung, dass es sich um die produktivste Phase ihrer Laufbahn gehandelt habe, stammen aus »Georgia O'Keeffe's Lake George Connection«, lakegeorge.com, lakegeorge.com/history/georgia-okeeffe. Weitere Details über die Zeit am Lake George einschließlich der Bestimmung des Zeitpunkts, zu dem sie vom Anwesen in das Bauernhaus zog, des Namens von O'Keeffes Atelier und ihrer morgendlichen Routine finden sich bei Molly Walsh, »O'Keeffe's Footsteps in Lake George Are Nearly Erased«, *Seven Days*, 24. Juni 2015, sevendaysvt.com/vermont/okeeffes-footsteps-in-lake-george-are-nearly-erased/Content?oid=2684054.

92 Später änderte er seinen Nutzernamen ab in @ZaidLeppelin.

93 James Tapper, »Quiet Quitting: Why Doing the Bare Minimum at Work Has Gone Global«, *The Guardian*, 6. August 2022, theguardian.com/money/2022/aug/06/quiet-quitting-why-doing-the-bare-minimum-at-work-has-gone-global.

94 Alyson Krueger, »Who Is Quiet Quitting For?«, *New York Times*, 23. August 2022, nytimes.com/2022/08/23/style/quiet-quitting-tiktok.html.

95 Amina Kilpatrick, »What Is ›Quiet Quitting,‹ and How It May Be a Misnomer for Setting Boundaries at Work«, NPR, 19. August 2022, npr.org/2022/08/19/1117753535/quiet-quitting-work-tiktok.

96 Goh Chiew Tong, »Is ›Quiet Quitting‹ a Good Idea? Here's What Workplace Experts Say«, NPR, 30. August 2022, cnbc.com/2022/08/30/is-quiet-quitting-a-good-idea-heres-what-workplace-experts-say.html.

97 Für an diesem Thema interessierte Leser: Im Dezember 2022 erschien im *New Yorker* ein Essay von mir mit einer ausführlicheren Analyse der inneren Kündigung, darin auch meine Interpretation ihrer Bedeutung und Wichtigkeit: Cal Newport, »The Year in Quiet Quitting«, *New Yorker*, 29. Dezember 2022, newyorker.com/culture/2022-in-review/the-year-in-quiet-quitting.

98 Einzelheiten zu Ian Fleming und Goldeneye siehe: Matthew Parker, *Goldeneye* (New York: Pegasus Books, 2015). Patrick Leigh Fermors Beschreibung des Grundstücks wurde oft zitiert; siehe beispielsweise goldeneye.com/the-story-of-goldeneye, und Robin Hanbury Tenison, »The Friendly Isles: In the Footsteps of Patrick Leigh Fermor«, patrickleighfermor.org/2010/04/20/the-friendly-isles-in-the-footsteps-of-patrick-leigh-fermor-by-robin-hanbury-tenison.

99 Cal Newport, *So Good They Can't Ignore You* (New York: Grand Central, 2012), 126.

100 »How We Work«, in *37signals Employee Handbook*, Kap. 9, basecamp.com/handbook/09-how-we-work.

101 Ein Videomitschnitt dieses Interviews von 1959 ist online verfügbar: Jack Kerouac, Interview mit Steve Allen, »JACK KEROUAC on THE STEVE ALLEN SHOW with Steve Allen 1959«, Historic Films Stock Footage Archive, hochgeladen am 12. Januar 2015, YouTube, 6:51, youtube.com/watch?v=3LLpNKo09Xk.

102 *All Things Considered*, »Jack Kerouac's Famous Scroll, ›On the Road‹ Again«, moderiert von Melissa Block und Robert Siegel, ausgestrahlt am 5. Juli 2007 auf NPR, npr.org/transcripts/11709924.

103 »Jack Kerouac's Famous Scroll«.

104 Mary Oliver, Interview mit Krista Tippett, »I Got Saved by the Beauty of the World«, 5. Februar 2015, in *On Being*, Podcast, NPR, 49:42, onbeing.org/programs/mary-oliver-i-got-saved-by-the-beauty-of-the-world.

105 Eine gute Zusammenfassung und Diskussion von *The Poetics of Space*, die auch die Quelle meines Zitats ist, findet sich bei Tulika Bahadur, »*The Poetics of Space*«, On Art and Aesthetics, 5. Oktober 2016, onartandaesthetics.com/2016/10/05/the-poetics-of-space.

106 Mead, »All about the Hamiltons«.

107 »Neil Gaiman's Writing Shed«, Well-Appointed Desk, 8. Juli 2014, wellappointeddesk.com/2014/07/neil-gaimans-writing-shed.

108 Sarah Lyall, »The World According to Dan Brown «, *New York Times*, 30. September 2017, nytimes.com/2017/09/30/books/dan-brown-origin.html.

109 Francis Ford Coppola, Kommentar des Regisseurs, *The Conversation*, Sonderedition, DVD, Regie: Francis Ford Coppola (Hollywood, CA: Paramount Pictures, 2000).

110 John McPhee, »Tabula Rasa: Volume Two«, *New Yorker*, 12. April 2021, newyorker.com/magazine/2021/04/19/tabula-rasa-volume-two.

111 Viele der Geschichten und sämtliche Zitate in diesem Kapitel sind meinem ursprünglichen Artikel zu diesem Thema entnommen: Cal Newport, »What If Remote Work Didn't Mean Working from Home?«, *New Yorker*, 21. Mai 2021, newyorker.com/culture/cultural-comment/remote-work-not-from-home.

112 Karen Armstrong, *The Case for God* (New York und Toronto: Knopf, 2009), 54.

113 Armstrong, *Case for God*, 56.

114 Armstrong, *Case for God*, 56.

115 Mason Currey, *Daily Rituals: How Artists Work* (New York: Knopf, 2013), 121.

116 Currey, *Daily Rituals*, 177.

117 Currey, *Daily Rituals*, 216.

118 Currey, *Daily Rituals*, 49–50.

119 Interessanterweise ist Jewel nicht die einzige weibliche Stimmsensation der 1990er-Jahre, die schon sehr jung mit ihren Eltern durch Bars getingelt war, um Konzerte zu geben. Eine 2022 veröffentlichte Dokumentation mit dem Titel *Shania Twain: Not Just a Girl* zeigte, dass auch Shania Twain ihr Handwerk als Kind erlernt hatte und mit ihrer Mutter in Bars aufgetreten war. Laut dieser Dokumentation wurde Shania manchmal gezwungen, für After-Hour-Auftritte nach der offiziellen Sperrstunde der Bar wach zu bleiben, um das Gesetz zu umgehen, wonach sie zu jung war, um sich während der Öffnungszeiten in einer Lokalität mit Alkoholausschank aufhalten zu dürfen.

120 Jewel, *Never Broken: Songs Are Only Half the Story* (New York: Blue Rider Press, 2016), 21.

121 Jewel, Interview mit Joe Rogan, »Jewel Turned Down $1 Million Record Deal When She Was Homeless«, 25. Oktober 2021, in *The Joe Rogan Experience*, Podcast, 3:06, youtube.com/watch?v=DTGtC7FC4oI (im Folgenden JRE 1724).

122 *JRE* 1724, 5:25.

123 *JRE* 1724, 9:30.

124 *JRE* 1724, 12:38.

125 *JRE* 1724, 13:20.

126 *JRE* 1724, 14:00.

127 Siehe Interviews mit Jewel, zum Beispiel: Taylor Dunn, »Why Jewel Says She Turned Down a Million-Dollar Signing Bonus When She Was Homeless«, ABC News, abcnews.go.com/Business/jewel-talks-human-growing-career-slowly/story?id=46598431.

128 Jewel, Interview mit Hrishikesh Hirway, »Jewel – You Were Meant for ME«, Folge 198, *Song Exploder*, Podcast, 17:58, Transkript abrufbar unter songexploder.net/transcripts/jewel-transcript.pdf.

129 Jewel, *Never Broken*, 173.

130 Jewel, *Never Broken*, 177.

131 Jewel, *Never Broken*, 230.

132 Jewel, *Never Broken*, 231.

133 Jason Fell, »How Steve Jobs Saved Apple «, NBC News, 30. Oktober 2011, nbcnews.com/id/wbna45095399.

134 Jason Fell, »How Steve Jobs Saved Apple «, *Entrepreneur*, 27. Oktober 2011, entrepreneur.com/growingabusiness/how-steve-jobs-saved-apple/220604.

135 Jewel, *Never Broken*, 270.

136 Paul Jarvis, »Working Remotely on an Island: A Day in the Life of a Company of One «, Penguin UK, penguin.co.uk/articles/2019/04/working-remotely-on-an-island-company-of-one-paul-jarvis.

137 Cameron McCool, »Entrepreneur on the Island: A Conversation with Paul Jarvis«, *Bench* (Blog), 3. Juni 2016, bench.co/blog/small-business-stories/paul-jarvis.

138 McCool, »Entrepreneur on the Island«.

139 Jarvis, »Working Remotely on an Island«.

140 Ira Glass, »Ira Glass on Storytelling 3«, veröffentlicht am 11. Juni 2009, warphotography, YouTube, 5:20, youtube.com/watch?v=X2wLP0izeJE.

141 Anne Lamott, *Bird by Bird: Some Instructions on Writing and Life* (New York: Anchor, 1994; Neuaufl. 2019), 8.

142 Näheres zu dieser Einstellung siehe V. Renée, »Here's What the First 3 Minutes of ›Boogie Nights‹ Can Teach You about Shot Economy«, No Film School, 26. September 2016, nofilmschool.com/2016/09/heres-what-first-3-minutes-boogie-nights-can-teach-you-about-shot-economy.

143 Ira Glass, Interview mit Michael Lewis, »Other People's Money: Ira Glass on Finding Your Voice«, 1. März 2022, in *Against the Rules*, Podcast, 26:46, pushkin.fm/podcasts/against-the-rules/other-peoples-money-ira-glass-on-finding-your-voice.

144 Die Awards von 2021 waren die aktuellsten, die verliehen worden waren, als ich dieses Kapitel 2022 schrieb. Von den fünf Finalisten des Jahres 2021 war Avni Doshi die einzige ohne irgendeine Ausbildung für kreatives Schreiben. Tatsächlich wird die Tatsache, dass sie an keinem solchen Seminar teilnahm, für bemerkenswert genug gehalten, um sie in Interviews zu erwähnen, beispielsweise bei Sana Goyal, »›The Shape of This Moment‹: In Conversation with Avni Doshi«, *The Margins*, Asian American Writers' Workshop, 21. April 2021, aaww.org/the-shape-of-this-moment-in-conversation-with-avni-doshi.

145 Vashi Nedomansky, »The Editing of MAD MAX: Fury Road«, VashiVisuals, 30. Mai 2015, vashivisuals.com/the-editing-of-mad-max-fury-road.

146 Raymond Edwards, *Tolkien* (Ramsbury, UK: Robert Hale, 2020), 165–67.

147 Edwards, *Tolkien*.

148 Siehe beispielsweise folgenden Artikel über den Streit, der einige hübsche Bilder von Grahams Notizbuch enthält: Seth Shulman, »The Telephone Gambit: Chasing Alexander Graham Bell's Secret«, *Patently-O* (Blog), 10. Januar 2008, patentlyo.com/patent/2008/01/the-telephoneg.html.

149 Clifford Williamson, »1966: The Beatles' Tumultuous World Tour«, *History Extra*, 1. Juni 2017, historyextra.com/period/20th-century/1966-the-beatles-tumultuous-world-tour.

150 Mark Lewisohn, *The Complete Beatles Chronicle: The Definitive DaybyDay Guide to the Beatles' Entire Career* (Chicago: Chicago Review Press, 1992; Neuaufl. 2010), 211.

151 Williamson, »1966: The Beatles' Tumultuous World Tour«.

152 Williamson, »1966: The Beatles' Tumultuous World Tour«.

153 Williamson, »1966: The Beatles' Tumultuous World Tour«. Näheres zur Krise des *Evening Standard* von 1966 siehe Lewisohn, *The Complete Beatles Chronicle*.

154 Jon Pareles, »Pop View; At Age 20, Sgt. Pepper Marches On«, *New York Times*, 31. Mai 1987, nytimes.com/1987/05/31/arts/pop-view-at-age-20-sgt-pepper-marches-on.html.

155 Pareles, »Pop View; At Age 20, Sgt. Pepper Marches On«.

156 Morgan Greenwald, »19 Celebrities Who Got Their Start on ›Star Search‹«, *Best Life*, 16. September 2020, bestlifeonline.com/star-search-celebrities.

157 Details über Alanis Morissettes Karriereanfänge stammen aus *Jagged*, Regie: Alison Klayman (HBO Documentary Films, 2021).

158 Jean-Francois Méan, »Interview with Scott Welch, Manager for Alanis Morissette«, *HitQuarters*, 6. August 2002, web.archive.org/web/20120609212424/http://www.hitquarters.com/index.php3?page=intrview%2Fopar%2Fintrview_SWelch.html.

159 Lyndsey Parker, »Glen Ballard Recalls Making Alanis Morissette's ›Jagged Little Pill‹, 25 Years Later: ›I Was Just Hoping That Someone Would Hear It‹«, *Yahoo!Entertainment*, 25. September 2020, yahoo.com/entertainment/glen-ballard-recalls-making-alanis-morissettes-jagged-little-pill-25-years-later-i-was-just-hoping-that-someone-would-hear-it-233222384.html.

160 »The Story of Twilight and Getting Published«, Stephenie Meyer, stepheniemeyer.com/the-story-of-twilight-getting-published, aufgerufen im Dezember 2022.

161 Michael Carlson, »Clive Cussler Obituary«, *The Guardian*, 27. Februar 2020, theguardian.com/books/2020/feb/27/clive-cussler-obituary.

162 John Noble Wilford, »For Michael Crichton, Medicine Is for Writing«, *New York Times*, 15. Juni 1970, nytimes.com/1970/06/15/archives/for-michael-crichton-medicine-is-for-writing.html.

163 Nicholas Wroe, »A Life in Writing: John Grisham «, *The Guardian*, 25. November 2011, theguardian.com/culture/2011/nov/25/john-grisham-life-in-writing.

164 Carlson, »Clive Cussler Obituary«.

165 Angebot für die Filmrechte entnommen aus der *Los Angeles Times*, 17. Juli 1993, latimes.com/archives/la-xpm-1993-07-17-mn-14067-story.html.

166 »Assault on Precinct 13«, BAMPFA, bampfa.org/event/assault-precinct-13.

167 »Behind the Scenes: Halloween «, Wayback Machine Internet Archive, web.archive.org/web/20061220013740/http://halloweenmovies.com/filmarchive/h1bts.htm.

168 »Behind the Scenes: Halloween«.

169 »Halloween«, Box Office Mojo, IMDbPro, boxofficemojo.com/release/rl1342342657, aufgerufen im Dezember 2022.

Fazit

170 McPhee, *Draft No. 4*, 35.

171 McPhee, *Draft No. 4*, 37.

172 McPhee, *Draft No. 4*, 25.

173 McPhee, *Draft No. 4*, 35–37.

174 McPhee, *Draft No. 4*, 21.

175 McPhee, *Draft No. 4*, 35–36.

176 John McPhee, Interview mit Peter Hessler, »John McPhee, the Art of Nonfiction No. 3«, *Paris Review*, Frühjahr 2010, theparisreview.org/interviews/5997/the-art-of-nonfiction-no-3-john-mcphee.

STICHWORTVERZEICHNIS

Y

Z